《几何原本》之窗

刘 攀　周林峰　编著

上海科学技术出版社

图书在版编目（CIP）数据

《几何原本》之窗 / 刘攀，周林峰编著. -- 上海：上海科学技术出版社，2025.4. --（砺智石丛书）.
ISBN 978-7-5478-7138-6
Ⅰ. O184
中国国家版本馆CIP数据核字第2025GU1694号

《几何原本》之窗
刘　攀　周林峰　编著

上海世纪出版（集团）有限公司
上海科学技术出版社　出版、发行
（上海市闵行区号景路159弄A座9F-10F）
邮政编码 201101　　www.sstp.cn
常熟高专印刷有限公司印刷
开本 787×1092　1/16　印张 11.75
字数 140 千字
2025 年 4 月第 1 版　2025 年 4 月第 1 次印刷
ISBN 978-7-5478-7138-6/N·294
定价：59.00 元

本书如有缺页、错装或坏损等严重质量问题，请向印刷厂联系调换

序 言

约在公元前300年成书的《几何原本》是一部划时代的著作,它集古希腊数学的成果和精神于一书。在《几何原本》里,欧几里得建立了人类历史上第一座宏伟的演绎推理大厦,从一些最基本的定义、5个公设和5个公理出发,借助于形式逻辑的方法,推演出了400多个命题,将人类的理性之美展现到了极致。牛顿,这位17世纪的科学巨匠曾如此评价《几何原本》:能够从如此少的原理中取得如此多的成就,这是几何学的荣耀。200多年后,他的同胞、英国大哲学家和数学家罗素亦有如下的赞语:欧几里得的《几何原本》毫无疑问是古往今来最伟大的著作之一,是(古)希腊理智最完美的纪念碑。

在著名数学史家克莱因(M. Kline)看来,《几何原本》以及欧氏几何学的创立,对人类文明的贡献不仅仅在于产生了一些有用的、美妙的真理,更重要的是,它孕育出了一种理性精神。2 000多年来,不知有多少人通过阅读这部流传千古的数学经典而进入科学的殿堂,这其中不乏一些蜚声中外的学者,诸如伽利略、笛卡儿、牛顿等,他们都曾从《几何原本》中汲取丰富的营养,从而创造出许多令世人惊叹的伟大成就。

这部小书缘自编者这些年在华东师范大学所上的一门本科生通识选修课"几何原本"。课程旨在通过有选择地阅读和讲授《几何原本》中的一些知识和命题，引导当代大学生了解数学原始创新的过程，懂得欧氏几何学命题演绎证明的力量，从中获得创新意识的培育和思维训练的提升；欣赏《几何原本》与其他知识领域的联系，以及懂得其作为人类学科模板的重要价值，进而激发他们的向学之心和创造热情，成为卓越的人才。由此本书的内容规划如下：

在第一章里，简要介绍《几何原本》一书的由来和它的内容安排，以及这部经典之作在中国的翻译过程和传播之旅。第二章聚焦于三角形内角和定理的逻辑演绎证明，比较详细地探讨了《几何原本》第Ⅰ卷前32个命题中一些重要命题的证明以及相关知识和思想方法。第三章的主题是形式逻辑和毕达哥拉斯定理（即勾股定理），在结合逻辑思维导图呈现这一定理的演绎证明的同时，亦谈及毕达哥拉斯定理的中古证明等，以期待引导读者进一步思考东西方两种证明背后的数学文化特征之不同。第四章关注的内容是形式逻辑与尺规作图。其内容主要涉及《几何原本》第Ⅱ卷至第Ⅳ卷中的一些内容——尺规作图初步，圆与正多边形以及简单多边形的尺规作图等，希望读者能重在对概念与概念、命题与命题之间关系的把握，进而来构建属于自己的知识体系。第五章以牛顿的《自然哲学之数学原理》为例，通过有重点地介绍此书中的相关内容以及对全书的结构框架的了解，让读者懂得《几何原本》对其方法论上的影响，包括模板之用和它的重要价值。第六章的主题是现代数学的新发展。主要通过如下三方面的内容比较具体地谈谈《几何原本》对现代数学的影响力：(1) 非欧几何的创立及其发展；(2) 由一些经典的尺规作图问题谈起；(3) 多面体的欧拉公式。通过理解和欣赏《几何原本》对现代数学的这诸多影响力，可以让当代大学生品读到逻辑思维和创造性思维的力量之所在。

  本书的形成有赖于这几年间诸多修读"几何原本"课程的同学们的热情参与，特别是在写作过程中，周子琦、杨春玲等同学帮助画了书中的逻辑思维导图，在此致以特别的感谢。感谢邱瑞锋教授审读了全书，并提出了不少有益的建议。还要感谢上海科学技术出版社田廷彦老师的辛勤编辑工作，此书得以与读者朋友们如期见面。

  关于此书的形成和出版，还要感谢华东师范大学精品教材建设专项基金资助项目等的资助和支持。谢谢！

  要写好一本相关《几何原本》的教材绝非易事，错漏不当之处更是难免，请读者朋友们多提宝贵意见、建议和批评。谢谢！

编　者

2024 年 9 月 20 日

于华东师范大学闵行校区数学馆

目 录

序言　I

第一章　《几何原本》简介及其在中国的引入　001
　　　　　《几何原本》产生的历史背景　001
　　　　　《几何原本》简介　007
　　　　　从徐光启到李善兰——《几何原本》在中国　018

第二章　形式逻辑与三角形内角和定理　031
　　　　　数学证明和公理化方法　031
　　　　　三角形内角和定理的演绎证明　038

第三章　形式逻辑与毕达哥拉斯定理　069
　　　　　毕达哥拉斯定理的演绎证明　070
　　　　　勾股定理及其中古证明　084
　　　　　毕达哥拉斯定理证明赏析　088

第四章　形式逻辑与尺规作图　095
　　　　　圆内接正三角形的尺规作图　095

圆内接正方形的尺规作图　105

圆内接正五边形的尺规作图　107

第五章　《几何原本》——其他学科的模板　127

《原理》的诞生　128

《原理》的体系、结构和特点　132

引理篇　137

一些命题的演绎证明　140

两个命题的现代证明　145

第六章　现代数学的新发展　151

新几何，新世界　151

从一些经典的尺规作图问题谈起　162

多面体的欧拉公式　172

参考文献　177

第一章

《几何原本》简介及其在中国的引入

古代希腊文明在世界文化史上占有十分重要的地位，给人类留下了许多珍贵的遗产，如哲学、逻辑、天文学、建筑、音乐、艺术等，其中希腊数学产生的数学科学理性之精神，无疑是最为独特的一大财富。《几何原本》是古希腊数学最为出色的代表作之一。

《几何原本》从一些公设、公理和概念出发，以形式逻辑的方法，建立了人类历史上第一座宏伟的演绎推理大厦——欧氏几何学。

《几何原本》产生的历史背景

《几何原本》的出现不是偶然的，在它之前，已有许多希腊学者做了大量的先驱工作。为此我们要先从两位传奇人物——泰勒斯和毕达哥拉斯说起。

泰勒斯（Thales，约前625—约前547）被认为现在所知的希腊史上最早的数学家和哲学家。约在公元前625年，泰勒斯出生在小亚细亚

泰勒斯

毕达哥拉斯

(今土耳其) 西岸爱奥尼亚地区的米利都，相传他早年是商人，曾游历巴比伦、埃及等地，在那里学得诸多数学和天文学知识，回到家乡后从事政治和工程活动，并研究数学和天文学，晚年转向哲学，招收学生，创立了米利都学派（也称爱奥尼亚学派）。观其一生，泰勒斯几乎涉猎当时人类的全部思想和活动领域，获得崇高的声誉，被尊为"希腊七贤之首"。

在数学上，泰勒斯划时代的贡献是开创了命题证明之先河，在数学中引入逻辑证明的思想。这为后来者建立几何的演绎体系迈出了可贵的一步，在数学史上是一次不寻常的飞跃。

在几何学中，有一些基本成果归功于泰勒斯。比如说下面的这些命题：

1. 圆被它的任一直径所平分；
2. 等腰三角形两底角相等；
3. 两条直线相交，其对顶角相等；
4. 若两个三角形有两角以及一边对应相等，则这两个三角形全等；
5. 半圆（或者直径）所对的圆周角是直角。

这些命题构成《几何原本》第Ⅰ卷和第Ⅲ卷内容的一部分。比如其中的第5个出现在第Ⅲ卷（命题Ⅲ.31），这一命题现被称为"泰勒斯定理"。

如若说古希腊演绎数学从泰勒斯开始，那么其成长则要归功于毕达哥拉斯以及他所创建的学派。

毕达哥拉斯（Pythagoras，约前580—约前500）生活的时间与古代中国的先哲孔子（前551—前479）相近。毕达哥拉斯和泰勒斯一样，也有着许多扑朔迷离的传说。相传他生于靠近小亚细亚西部的萨摩斯岛，早年游历过古埃及、巴比伦和中东，回希腊后定居于克罗托内，后在那里建立了毕达哥拉斯学派，致力于哲学和数学的研究。毕达哥拉斯学派是继泰勒斯的爱奥尼亚学派之后古希腊的第二个重要学派，其存在时间达两个世纪之久，影响力则远超前一个学派。

毕达哥拉斯学派在数学上有许多重要的发现，其中最为重要的发现之一是著名的毕达哥拉斯定理——更确切地说，不是他们最先发现了这个定理，而是他们最先给出了这个定理的数学演绎证明。

话说毕达哥拉斯学派的哲学之基石是"万物皆数"。在他们看来，数即正整数，形成了宇宙的基本组成原则。他们企图用数来解释一切，认为这世间的任何事物都具有数的印记，可以用数或者数之间的比来刻画。比如，天空中的一个星座即可用组成它的星的数目刻画；行星的运动可以根据数的比表示；音乐的和谐亦可由数值的比来决定：一根拉紧的弦，若取原长的1/2可弹出八度音调，若取2/3可弹出五度音调；如此等等。因此关于正整数以及"形数"的研究自然构成毕达哥拉斯学派数学学说的一大重要组成部分。

在此过程中，毕达哥拉斯学派进一步将数学从具体应用中抽象出来，建立自己的理论体系。然而，伴随着毕达哥拉斯定理的介入，他们发现了竟然有不可公度量的存在！等腰直角三角形的斜边与直角边之比——经由毕氏定理可算得是$\sqrt{2}$，这是一个不可公度量。

小小 $\sqrt{2}$ 的出现，却在当时的数学界掀起了一场巨大风暴。它直接动摇了毕达哥拉斯学派的数学信仰，让他们大为恐慌。而对于当时所有希腊人的观念，这也是一个极大的冲击，因此导致了西方数学史上的第一次数学危机。于是，古希腊人相信，直觉和经验不一定靠得住，而推理证明才是可靠的。于是，几何学开始在希腊数学中占有特殊地位——它被看作是全部数学的基础，古希腊数学由此走上了一条最为独特的发展道路，其后形成了以欧几里得《几何原本》为代表的公理化演绎体系。

一般认为，欧几里得《几何原本》中前两卷的大部分材料来源于毕达哥拉斯学派。此外，在几何学方面，毕达哥拉斯学派还有一项重要成就是，证明了正多面体只有五种：正四面体、正六面体、正八面体、正十二面体和正二十面体。这构成《几何原本》最后一卷的重要内容。

在希腊-波斯战争（前492—前449）以后，雅典成为希腊民主政治、经济文化以及人才荟萃的中心，希腊数学也随之走向繁荣，其间涌现出众多的学术派别。其中主要的学派有：以学者芝诺（Zeno）为代表的伊利亚学派，以德谟克利特（Democritus）为代表的原子论学派，以希庇亚斯（Hippias）、安提丰（Antiphon）等为代表的诡辩学派，以欧多克索斯（Eudoxus）为代表的欧多克索斯学派，以及后来的柏拉图学派和亚里士多德学派等。

上述提到的诸多学派多以哲学探讨为主，不过他们的研究活动极大地促进了古希腊数学的理论化，这主要表现为如下的三个方面。

（一）古希腊三大几何问题

这三个著名的数学难题说的是：

1. 化圆为方，即作一个正方形，要求它与所给定的圆面积相等；

2. 倍立方体，即求作一立方体，使得其体积等于已知立方体的两倍；

  3. 三等分角，即将任意角三等分。

关于这三大问题的起源或涉及一些古老的传说。不管如何，这些问题极大地激发了古希腊时代许多数学家的研究兴趣。其中贡献最多的是诡辩学派——比如安提丰在研究化圆为方的过程中提出了"穷竭法"的思想，后被欧多克索斯加以发展；希庇亚斯为研究三等分任意角而发明了"割圆曲线"等。此外，柏拉图学派的梅内赫莫斯（Menaechmus）为解决倍立方体问题而发现了圆锥曲线。

由于希腊人限制了作图工具，只能使用圆规与（不带刻度的）直尺，使这些问题变得难以解决而富有理论魅力。尽管这些问题的最后解决依然需要 2 000 多年时间的等待，即直到 19 世纪，数学家利用现代数学知识才得以证明：它们实际上都是（尺规作图）不可解的。因此古代希腊的这些先哲们没有也不可能解决这些数学难题，但在研究这些问题的过程中，在他们群策群力间、百家争鸣中引出了许多重要发现，对整个希腊数学产生了巨大影响。

圆内接正多边形的尺规作图也是古希腊数学家们所热衷的，其中最简单的一部分内容构成欧几里得《几何原本》第Ⅳ卷的主要内容。

（二）相关"无限"概念的早期探索

古希腊人在理性数学活动的早期，已经接触了到无限性、连续性等深刻的概念，由此引发对这些概念的思考与着意探讨。这方面最具代表性的人物是伊利亚学派的芝诺。他曾提出一系列悖论——其中关于运动的 4 个悖论最为有名。这些悖论较为深刻地揭示了人们思想上的关于有限与无限、连续与离散等概念之间的矛盾。芝诺悖论对希腊的数学产生了极大的影响。其中最大的影响在于促使希腊人对数学严密思维的追求，为此他们宁愿放弃一时难以严密的代数，而把全部精力投注于建立几何学严密体系的努力中。

或多或少由于芝诺悖论的影响，后来欧多克索斯创立了穷竭法。他在比例论和穷竭法方面的贡献是后来欧几里得《几何原本》第 5 卷和第 10 卷的核心内容。

关于无限性的另一项成果属于原子论学派：德谟克利特从原子论的哲学观点提出一切整体都是由离散的元素组成，并将这一思想用于数学发现。例如他将圆锥看作是一系列不可分的薄层叠加，从而证明其体积等于同底等高的圆柱体积的 1/3。这一思想方法可谓是后来不可分量理论的先驱性工作。

（三）逻辑演绎结构的倡导

到了雅典时期，数学中的演绎化倾向有了实质性的进展，这主要应归功于柏拉图、亚里士多德和他们的学派。

柏拉图出身贵族名门，他创立的雅典学院虽以研究哲学为主，可是柏拉图非常重视数学，他认为数学是一切学问的基础。相传其学院的门口即写着"不懂几何者请勿入内"。尽管柏拉图本人未取得很多具体的数学成就，但对数学研究的方法却贡献颇多——比如普罗克洛斯（Proclus）将分析法与归谬法归功于柏拉图。柏拉图还给出了许多几何定义，并坚持对数学知识作演绎推理，他主张通过几何的学习来培养逻辑思维能力，因为几何能给人强烈的直观印象，将抽象的逻辑规律体现在具体的图形之中。

柏拉图的数学思想在他的学生亚里士多德那里得到了极大的发展和完善。亚里士多德在对定义作了更为精密的讨论之同时，也深入研究了作为数学推理的出发点的基本原理，并将它们区分为公理和公设（所谓公理，指的是一切科学公有的真理；而公设则是为某一门科学所接受的第一性原理）。不过，亚里士多德最重要的贡献是将前人使用的数学推理规律规范化和系统化，从而创立了逻辑学，其中的基本逻辑原理——矛盾律和排中律——成为数学中间接证明的核心。其形式逻辑被后来者奉为演绎推理的圣经,为欧几里得公理化演绎几何体系的形成奠定了方法论的基础。

公元前 4 世纪,希腊数学已经积累了大量的知识,逻辑学的理论渐臻成熟,由来已久的公理化思想更是大势所趋。当此时,一个严整的几何体系之构建已是"呼之欲出"了。欧几里得以其高度的智慧以及辛勤的劳动,将此前近 300 年希腊数学积累的极为丰富的知识材料加以组织、分类和比较,借助于逻辑演绎方法,整理在一个严密的体系之中,进而构建为一座巍峨的几何学大厦,从而有了《几何原本》这部伟大的巨著。

《几何原本》简介

欧几里得(Euclid,约前 325—约前 265)被认为是数学历史上最负盛名、最有影响力的数学家之一。有意思的是,关于他的生平我们知之甚少。著名的《科学家传记百科全书》在"欧几里得"词条的开篇这样写道:

欧几里得

> 尽管欧几里得是有史以来最著名的数学家,其名字成为"几何"的代名词直至 20 世纪,关于其生平却只有两件事是已知的——甚至连这些也并非全无争议:一件是他居于柏拉图(卒于公元前 347 年)的学生与阿基米德(生于公元前 287 年)之间;另一件是他曾在亚历山大港教过书。

相传欧几里得生于雅典。当时的雅典是古希腊文明的中心,他在那里接受了古典数学以及其他各种科学知识的学习，30 岁即成了有名的学者。公元前 300 年左右，欧几里得在托勒密王的邀请下来到亚历山大，一边教学一边从事研究。在这里，他可能有建立和形成以他为首的数学学派。《几何原本》则或许是他在亚历山大教书时形成的一个课本。

这里有一些轶事与欧几里得相关。

在普罗克洛斯的《几何学发展概要》中，记载着这样一则故事，说的是数学在欧几里得的推动下，逐渐成为人们生活中的一个时髦话题，以至于当时亚历山大国王托勒密一世也想赶这一时髦，学点儿几何学。尽管这位国王见多识广，但欧氏几何却令他学得很吃力。于是，他问欧几里得："学习几何学有没有什么捷径可走呢？"欧几里得笑道："抱歉，陛下！学习数学和学习一切科学一样，是没有什么捷径可走的。学习数学，人人都得独立思考，就像种庄稼一样，不耕耘是不会有收获的。"从此"在几何学里没有王者之道"这句话成为千古传诵的学习箴言。

还有一则故事说的是，有一位学生这样问欧几里得："老师，学习几何会使我得到什么好处呢？"欧几里得思索了一下，叫来一个仆人吩咐道："给这位先生三个钱币，因为他想在学习中获取实利。"

他所著的《几何原本》被认为是影响人类思想最为深远的一部数学书，被誉为西方数学的圣经。除了《几何原本》之外，他还写有不少著作，可惜大都已经失传。《几何原本》自问世之日起，在长达 2 000 多年的时间里，历经多次翻译和修订，从 1482 年第一个印刷本出版，至今已有 1 000 多种不同的版本。其流传之广，仅次于《圣经》。

在《几何原本》里，欧几里得建立了人类历史上第一座宏伟的演绎推理大厦，利用很少的自明公理、定义，推演出大量命题，将人类的理性之美展现到了极致。其书共 13 卷，包含有 5 条公设，5 条公理，119 个定义和 465 个命题。在每一卷中，欧几里得都采用了与前人完全不同

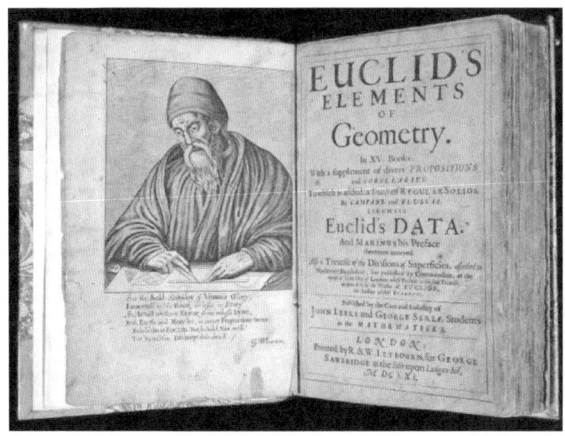

欧几里得与《几何原本》

的叙述方式，即先提出公理、公设和定义，然后再由简到繁地证明命题。这使得这部著作的论述更加紧凑和明快。其内容主题大体如下。

卷 I 确立了基本定义、公设和公理，还包括全等三角形、平行线和直线形中的相关定理。在此卷的开篇即列出了从点到平行直线的 23 个定义，其前面的 7 个定义其实只是几何形象的直观描述。比如：

1. 点是没有部分的。
2. 线只有长度而没有宽度。
3. 一线的两端是点。

从这里我们看到，其中没有说点和线是什么，而只是说它们具有什么性质，以及说明这两个概念之间的关系。这一模式充分体现了希腊数学的抽象性。

在定义之后，是 5 个公设：

1. 过两点可以作一直线。
2. （有限）直线可以向两端无限地延伸。

3. 以任一定点为圆心，任意定长为半径，可以画一圆。

4. 凡直角都相等。

5. 同平面内一条直线和另外两条直线相交，若在直线同侧的两个内角之和小于180°，则这两条直线经无限延长后在这一侧相交。

这些公设中的前3个是作图的规定。经由这3条公设，作图只需也只可能用直尺和圆规。第4个也是显而易见的，没有引起什么争论。而第5条看着很是复杂的公设，就是在后来引起许多纠纷的"欧几里得平行公设"，或简称第5公设。

其后是5个公理：

1. 等于同量的量彼此相等。

2. 等量加等量，其和仍相等。

3. 等量减等量，其差仍相等。

4. 彼此能够重合的物体是全等的。

5. 整体大于部分。

这里欧几里得采纳了亚里士多德对公设和公理所作的区别，即公设只适用于几何，而公理则是对于一切科学都成立的真理。现代数学对这两者是不加区别的，一律称为公理。

这一卷在公理之后，给出了48个命题。这些命题构成欧几里得几何学的基础。其重点内容包含如下的几方面：三角形全等的条件（全等三角形判定定理）；三角形边和角的大小关系，平行线理论，三角形和多角形等积（即面积相等）的条件，以及著名的毕达哥拉斯定理和其逆定理等。

卷Ⅰ的前3个命题相关作图问题。命题1是讲在一条已知线段上作一个等边三角形。作为《几何原本》中的第一个命题，其证明中只涉及定义、公设和公理。命题 2 和命题 3 是作与已知线段相等的线段。

命题 4 是关于一个特殊几何作图的结论，它是本书的第一个定理，也是三角形全等的第一个定理，在现代数学中被简称为边角边定理。

而其中第 5 命题颇为有趣，它说的是：

等腰三角形的两底角相等，且两底角的外角也相等。

此命题的证明会用到前面的命题 3 和命题 4，以及公设 1、2 和公理 3。尽管在欧氏几何的体系中，这是一个相当初等的命题，可是对于中世纪的大学生或者教师来说，却是一个难题。因此这个命题被戏称为"驴桥"（bridge of asses），或比作是"笨蛋的难关"。

欧几里得运用反证法（归谬法）证明的第一个例子是卷Ⅰ的命题 6。这个命题说的是：

如果在一个三角形中有两个角相等，那么等角所对应的边也相等。

命题Ⅰ.6 是上一命题（命题Ⅰ.5）的逆命题。

命题Ⅰ.9 到命题Ⅰ.12 给出了一些必要的作图问题。欧几里得分别讨论了如何将一个角二等分（命题Ⅰ.9）、如何将一条直线段二等分（命题Ⅰ.10）、过已知直线上一点作直线的垂线（命题Ⅰ.11）以及过已知直线外一点作直线的垂线的方法（命题Ⅰ.12）。

命题Ⅰ.13 在《几何原本》中占有比较重要的地位，本卷后面有许多命题是以此命题为基础的。这一命题的内容是：

一条直线与另一条直线相交所成的同旁角，或者是两个直角，或者它们的和等于两个直角。

命题Ⅰ.14 是命题Ⅰ.13 的逆命题。接下来的命题Ⅰ.15 则是我们熟知的对顶角定理。

命题Ⅰ.16 的内容可简单地表述为：三角形的外角大于其任一不相邻的内角。命题Ⅰ.17 是命题Ⅰ.16 的直接推论，说的是，三角形的任意两内角之和总是小于两直角。

其后在关于三角形性质的一些命题后，欧几里得从命题Ⅰ.27 开始讨论平行线这一重要概念，在随后的命题Ⅰ.29 的证明中开始用到了公设5。

在以命题Ⅰ.29 为基础的诸多结论中，命题Ⅰ.32 尤其重要，它说的是：三角形的3个内角之和等于两直角，正是三角形内角和定理。

命题Ⅰ.33 研究了平行四边形。尽管欧几里得没有研究测量（比如说在《几何原本》中没有出现度量公式），可是他也证明了一些有关平行四边形和三角形面积比较重要的结论。例如命题Ⅰ.37 谈到同底且在两平行线之间的三角形面积彼此相等；而命题Ⅰ.41 说的是，一个平行四边形的面积是与它同在两平行线间且同底的三角形面积的2倍。

本卷中的第47个命题（也是倒数第二个命题）就是著名的毕达哥拉斯定理（即勾股定理）：

在直角三角形中，以斜边为边的正方形面积等于以两直角边为边的正方形面积之和。

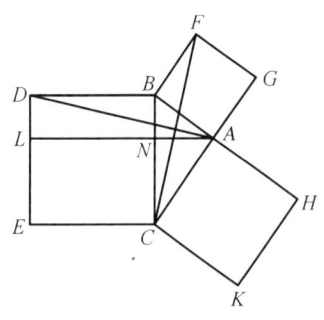

毕达哥拉斯定理的《几何原本》证明图示

毕达哥拉斯定理可谓是欧氏几何中最为重要的定理之一，其证明涉及出现在卷Ⅰ中的诸多命题、定义、公设和公理，且其本身在后面各卷中也有不少应用。

《几何原本》中卷Ⅱ与卷Ⅰ的风格可谓截然不同，卷Ⅱ主要讨论的是毕达哥拉斯学派的几何代数学，其中包括14个命题，这些命题谈及用几何的形式叙述代数概念和运算的问题。欧几里得将一个数（或量）用一条线段来表示，两个数的乘积说成是两条线段所构成的矩形，数的平方根看作是等于这个数的正方形的一边，代数中的一些等式即可用几何命题来呈现。

比如卷Ⅱ中的第4命题：将一线段任意分为两部分，在整个线段上的正方形的面积等于在部分线段上的两个正方形的面积加上这两部分线段所构成的矩形面积的2倍。这相当于如下的恒等式：$(a+b)^2 = a^2 + 2ab + b^2$。

卷Ⅱ中的第5命题和第6命题是值得关注的，若将其中的数学语言和符号稍加改变后，即相当于一元二次方程的解法。同样的哲思出现在第11命题里。

卷Ⅱ中的第12、13命题可谓三角学中的余弦定理：

$$c^2 = a^2 + b^2 - 2ab\cos C,$$

不过也是用几何的语言来叙述的，并没有出现三角函数。

卷Ⅲ的内容围绕"圆与角"展开，阐述和讨论了圆、弦、切线、割线、圆心角、圆周角的一些定理。其中包含有37个命题。

卷Ⅲ中的命题1告诉读者，给定一个圆如何找到它的圆心。而命题17则向我们呈现了如何作出一个圆的切线的方法步骤。著名的泰勒斯定理亦出现在卷Ⅲ中，为第31命题的一部分。经由现代数学的符号语言，这个定理说的是：

在一圆中，若AB是直径，C为圆周上（除A，B之外的）任意一点，则∠ACB是直角。

卷Ⅲ中的命题35和命题37则给出了现代中学生相识的相交弦定理和圆幂定理。

卷Ⅳ讨论的主题是圆与正多边形。其中有 16 个命题，包括已知圆的内接与外切三角形，正方形的研究，以及圆内接正多边形的尺规作图问题。

其中的第 4 个和第 5 个命题分别谈及给定一个三角形，如何作出它的内切圆和它的外接圆。命题 11 则向我们呈现了：在一个圆里，如何借助于尺规作图画出一个内接正五边形。这样的哲思在后面的命题中得到更多的呈现。

卷Ⅴ涉及的主题是比例。其中对欧多克索斯的比例理论作了精彩的解释，被认为是最重要的数学篇章之一。尽管在此之前，毕达哥拉斯学派也建立了比例论，不过只是适用于可公度量；将比例理论拓展到一切量则归功于另一位古希腊数学家欧多克索斯。他用公理方法重新建立了比例论，使它适用于所有可公度与不可公度的量。可惜的是，他的著作已全部失传。好在还有相当一部分内容被收集和保存在《几何原本》中，如卷Ⅴ中就主要取材于欧多克索斯的工作，当然也离不开欧几里得的加工整理。这一卷共有 25 个命题。

卷Ⅵ将卷Ⅴ已建立的理论用到了平面图形上，主要阐述了比例的属性。由此也讲述了相似三角形以及相似多边形的相关理论。这一卷共有 33 个命题，其中的命题 1 是本卷的基础，它说的是：等高的两个三角形（或者平行四边形）的面积比等于它们的底的比。其中的命题 4、命题 5、命题 6 和命题 7 则向我们呈现了相似三角形的判定以及性质定理。命题 31 可以看作是著名的毕达哥拉斯定理的一类推广：

在直角三角形中，斜边上的多边形面积等于其两直角边上的相似图形面积之和。

卷Ⅶ、Ⅷ、Ⅸ的主题是数论，通过用几何的方式来叙述数的故事，欧几里得讨论了一些正整数的性质与分类，这些内容收藏在这卷的诸多命题里：其中第Ⅶ卷有 39 个命题，第Ⅷ卷有 27 个命题，第Ⅸ卷有 36 个命题。和卷Ⅱ相仿，欧几里得依然赋予数和数之间的运算以几何的形象：将数看作是线段，两数的乘积叫作平面数，3 个数的乘积叫作立体数。在卷Ⅶ的开篇，给出有 22 个定义，经由此告诉读者何为倍数、偶数、奇数、素（质）数与合数。一个非常有趣的概念出现在定义 22 里：若一个数等于它自身的部分（即真因子）之和，这个数叫作完美数。卷Ⅶ中命题 1 说的正是寻找两个正整数的最大公约数的"欧几里得算法"：两数辗转相除，最后可得到它们的最大公约数。卷Ⅷ讲述了连续比例数、平面数以及立体数的一些性质。卷Ⅸ涉及比例、几何级数，给出了许多关于数论的重要定理。如其中的命题 14 说的正是算术基本定理的内容。命题 20 则是说：素数的个数是无限的。然后在命题 36 中，欧几里得引领我们走入一个有名的定理：

若 $2^n - 1$ 是素数，则 $2^{n-1}(2^n - 1)$ 是一个完美数。

这些定理在未来的数论进展中将会延伸至广阔的星空。

卷Ⅹ是《几何原本》中篇幅最大的一卷，其中包含 115 个命题，约占全书的四分之一，和其他各卷不很相称。主要讨论无理量（即与给定量不可公约的量），但卷中只涉及相当于 $\sqrt{a} \pm \sqrt{b}$ 之类的无理量，这只是无理量中的极小一部分。这一卷中的命题 1 非常重要：

给定大小两个量，从大量中减去它的一大半，再从剩下的量中减去它的一大半，依次减下去，可使所余的量小于所给的小量。

其中蕴藏有现代极限思想的雏形，也是"穷竭法"的理论基础，和后面各卷关系密切。

卷Ⅺ—卷ⅩⅢ重返几何，但由平面走向立体。卷Ⅺ论述的主题是空间中的直线与平面的各种关系,以及多面角、棱锥、棱柱、圆锥、圆柱、球等问题,共有39个命题。

卷XII是穷竭法的应用,这是希腊人所创造的一个重要的证明方法。这一卷中的命题2是非常经典的,从中可以看出穷竭法的基本精神。这个命题要证明的是:圆与圆之比等于其直径上的正方形之比。经由此得到一个重要的结论:圆面积和它直径的平方之比是一个常数。这一方法亦用于证明如下的结论上:锥体的体积等于同底等高的柱体的三分之一;球体积的比等于直径立方的比。此卷共18个命题。

卷XIII是最后一卷,亦包含有18个命题。前一部分研究了中末比的若干性质,而最后的6个命题讨论的是5种球内接正多面体的作图法。在数学历史上,5种正多面体——正四面体、正六面体、正八面体、正十二面体和正二十面体的研究以及只存在这5种正多面体的证明当归功于数学家泰阿泰德(Theaetetus)。欧几里得在这卷中系统地研究了每种正多面体的作图,证明了每个都可以内接在一个球中,同时在一个平面图形中作出了5个正多面体的棱,还将它们与已知球的直径作了比较,然后他证明了,除了这5个外再没有其他的正多面体存在。由此迎来的,是卷XIII和整部《几何原本》圆满的终曲。

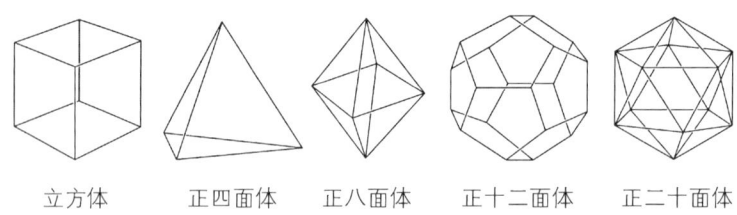

立方体　　正四面体　　正八面体　　正十二面体　　正二十面体

公理化结构是近代数学的主要特征,而《几何原本》是完成公理化结构的最早典范,它产生于2 000多年前,这是非常之难能可贵的。不过以现代的标准去衡量,其书中也有不少缺点。比如说以现今来看,一个公理系统都有若干原始概念,作为其他概念定义的基础,这些概念往往是不作定义的：点、线、面就属于这类概念，而在《几何原本》中一一给出定义，可是其定义本身却是含混不清的。又比如在《几何原本》中，其公理系统不够完备，没有运动、顺序、连续性等公理，因此其许多命题的证明不得不借助于直观。这些缺陷直到1899年由德国数学家希尔伯特的《几何基础》一书出版才得到了弥补。尽管如此，毕竟瑕不掩瑜，《几何原本》开创了数学公理化的正确道路，对整个数学乃至科学发展的影响超过了历史上任何其他著作。

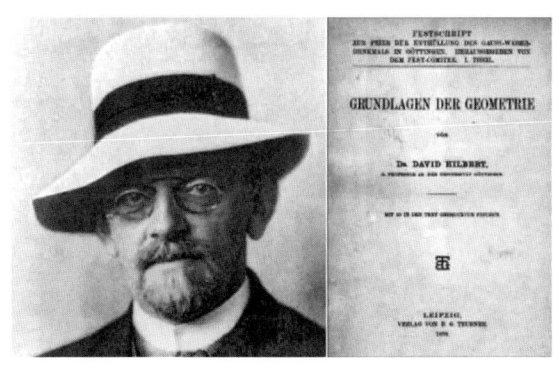

希尔伯特和他的《几何基础》

爱因斯坦曾经盛赞《几何原本》，他说："在欧几里得几何中，世界第一次目睹了一个逻辑体系的奇迹，这个逻辑体系的步步推进是如此精密，使得它的每个命题都绝对无可置疑。"《几何原本》作为科学严密性的典范，其从极少数不证自明的公理和定义出发，经由逻辑演绎推出众多真理的模式，亦被广泛模仿。许多在人类文化史具有划时代影响力的著作，都是借鉴《几何原本》公理化的思想和模式写就的，比如说斯宾诺莎的《伦理学》、牛顿的《自然哲学之数学原理》以及康德的多部哲学著作，无不受到《几何原本》的影响。

回望《几何原本》，其成书于约公元前300年，欧几里得所著的原稿早已失传，现在看到的各种版本都是根据后人的修订本、注释本以及翻译本重新整理出来的。古希腊的一些数学家，如海伦（Heron，约62），波菲利（Porphyrius，约232—304），帕普斯（Pappus，约300）等都注释过。其中最重要的，当属赛翁（Thoen，约390）的修订本，对原文作了校勘与补充，这个版本也是后来所有流行的希腊文本以及译本的基础。不过赛翁生活的时代距离欧几里得已有7个世纪，他究竟作了多少补充和修改，依然有不少谜题在此中。

9世纪以后，大量的希腊著作被译成阿拉伯文，其中就有《几何原本》。后来又由一些学者译作拉丁文本。1255年左右，意大利数学家坎帕努斯（Campanus of Novara）参考数种阿拉伯文本以及早期的拉丁文本，重新将《几何原本》译成拉丁文。200多年后（1482年）以印刷本的形式在威尼斯出版，这是西方最早印刷的数学书。15世纪以后，学者们的注意力转向希腊文本。目前最为权威的版本之一，是海伯格（John Ludwig Heiberg）、门格（H. Menge）校订注释的《欧几里得全集》（*Euclidis Opera Omnia*，1883—1916年出版），是希腊文与拉丁文的对照本。最早的完整英译本出现于1570年前后。现在最为流行的英译本则是希思（Thomas Little Heath）译注的《欧几里得原本13卷》（*The thirteen books of Euclid's Elements*，初版于1908年）。中国最早的汉译本则是由利玛窦（Matteo Ricc，1552—1610）和徐光启（1562—1633）合译，并于1607年出版的。这或是中国近代翻译西方数学书籍的开始，由此敲响了中西学术交流之声。不过，徐光启和利玛窦俩只合译了前6卷，定名为《几何原本》，几何的名称就是这样而来的。

从徐光启到李善兰——《几何原本》在中国

中国古代数学有着灿烂的传统，但从明代开始发展水平落后于西方。从17世纪初开始的约300年间，是中国传统数学滞缓发展和西方数学逐渐传入的过渡时期，这期间出现了两次西方数学传播的高潮。第一次是从17世纪初到18世纪初，其标志性事件是欧几里得《几何原本》的首次翻译。1606年，中国学者徐光启与意大利传教士利玛窦合作完成了《几何原本》前六卷的翻译，并于次年正式出版。由此成就中西文化交流的一段佳话。可是，西方知识界所崇尚的"几何学之理性精神"在中国的传播，却是一个极其缓慢的过程。在经过250年的等待之后，才迎来了《几何原本》整部著作中文翻译本的完工。

《几何原本》前六卷的翻译

1577年，利玛窦离开罗马，梯航东来，于1582年夏来到中国的澳门。一年后他在广东肇庆建立了中国的第一座天主教堂——仙花寺，开始传教。为此利玛窦从西方带来了许多用品，如圣母像、地图、星盘和三棱镜等，其中就有欧几里得的《几何原本》。

利玛窦在肇庆一住六年，除所带来的欧洲文艺复兴的成果外，还系统地学习了中国的传统文化。继而移居韶州，又是六年。1601年，在经过进入中国约四分之一个世纪的等待后，这位曾寄居南海边陲的"不速之客"终于成为载誉甚隆的"西方智者"，被获准留居北京。在北京利玛窦利用其丰富的东西方学识，多方结交中国的士大夫，进一步开始他的"学术传教"之旅。在这过程中，伴随着西方的科学技术传入中国，中国的传统文化也随之被带到西方。

在利玛窦所结识的诸多士大夫中，最著名的、也是后来影响最大的是进士出身的翰林徐光启。他们之间的精彩故事，因为一部经典的数学著作《几何原本》的合作翻译工作而连接在一起。

明嘉靖四十一年（1562年），徐光启生于南直隶松江府上海县。那时的上海只是个十万人口的小地方。少年时代的徐光启曾在龙华寺读书。1581年，徐光启考取秀才。不过在随后的乡试中却屡遭挫折，直

利玛窦（左）和徐光启

到 1597 年才中了举人。其间徐光启以教书为业，曾作为西席南游，执教于韶州。恰逢利玛窦离韶，徐光启访之不遇，却结识了耶稣会士郭居静，从后者那里知道了诸多西方科学知识。明万历二十八年（1600年），徐光启再次上京赶考，路过南京时得以初会利玛窦。1604 年，已过不惑之年的徐光启终于考取进士，随后被选为翰林院庶吉士，从此他走上了仕途。由于对西学的钟情，徐光启和利玛窦有了更多的接触和学术交往。他"每布衣徒步，晤于（利氏）邸舍，讲究精密，承问冲虚"，讨论数学与天文学问题。

1605 年，徐光启向利玛窦建议：既然已经印刷了有关信仰和道德的书籍，现在他们就应该印行一些有关欧洲科学的书籍，引导人们做进一步的研究，内容要新奇而有证明。他的这个建议被利玛窦欣然接受了。

可是，到底先翻译哪部科学之书呢？利玛窦几番思考后选择了《几何原本》，他认为"此书未译，其他书俱不可得"。于是两人正式相约开始一道翻译《几何原本》。翻译所选择底本是利玛窦在罗马学院就学时的老师克拉维于斯（Christopher Clavius）的欧几里得《几何原本》15 卷（*Euclidis Elementorum Libri XV*, 1574）。

一开始的时候，徐光启委派了他的一个朋友帮忙做这项工作。但过了几天后，利玛窦发现他的这位朋友并不擅长数学，于是和徐光启说："除非是有天分的学者，没有人能承担这项任务并坚持到底的。"因此由徐光启亲自来参与翻译。

他们的合作是愉快的，也是艰辛的。两人采用的翻译方式是"利玛窦口授，徐光启笔录"。可以想象，由于这是第一次尝试译介西方书籍，语言、知识方面存在差异，其翻译过程的艰辛可想而知。有如利玛窦所言："东西文理，又自绝殊，字义相求，仍多阙略，了然于口，尚可勉图，肆笔为文，便成艰涩矣。"

由于没有一套现成的可以完整表达西方数学的术语体系，所以在翻译中，由利玛窦用汉语表达出《几何原本》中原文的意思，再由徐光启去理解利玛窦讲授的数学内容，并选择好的文句加以表达。所幸徐光启曾读过诸多中国古代数学著作，有着比较深厚的数学功底，能够听懂与理解利玛窦所讲授的相关知识。二人合作翻译了《几何原本》的前六卷，前后耗时一年多，几易其稿，最后于 1607 年完成并付印。

在《几何原本》前六卷译完之后，徐光启曾奉劝利玛窦继续翻译下去，利玛窦却搪塞道，"请先传此，使同志者习之，果以为用也，而后徐计其余。"婉言加以拒绝。对于个中原委，众说纷纭。

不过，有一件事终于造成了历史的遗憾。也是在 1607 年，徐光启的父亲在京逝世，他扶柩南归，返回上海持丧三年。1610 年，徐光启回京复职，利玛窦却不幸病逝。1611 年夏的一天，徐光启在京师"积雨无聊"，便与两位学者熊三拔、庞迪我一道再次修订《几何原本》。

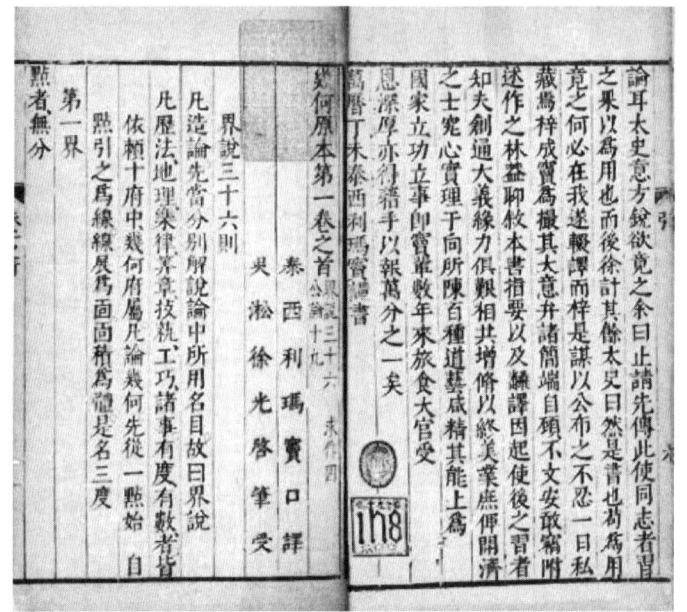

1607 年印行的利玛窦、徐光启译本《几何原本》

事后,徐光启写下一篇《题几何原本再校本》,全文如下:

> 是书刻于丁未岁,板留京师。戊申春,利先生以校正本见寄,令南方有好事者重刻之,累年来竟无有,校本留冀家塾。暨庚戌北上,先生没矣。遗书中得一本,其别后所自业者,校订皆手迹。追惟篝灯函丈时,不胜人琴之感。其友庞、熊两先生遂以见遗,庋置久之。辛亥夏季,积雨无聊,属都下方争论历法事。余念牙弦一辍,行复五年,恐遂遗忘,因偕二先生重阅一过,有所增定,比于前刻,差无遗憾矣。续成大业,未知何日,未知何人,书以俟焉。

从中可以看出,徐光启是非常期待和渴望再次翻译《几何原本》后九卷的。只是此事因为利玛窦的过世不得不搁浅。

1605年秋——那时他们翻译《几何原本》的工作还未开始，利玛窦向徐光启谈及《几何原本》之精及翻译之难，后者感慨道："呜呼！吾避难，难自长大；吾迎难，难自消微。必成之。"正是在这种知难而进的精神鼓舞下，中国历史上第一部西方科学著作的译本诞生了。

尽管徐光启和利玛窦的译本只及前六卷，但欧氏几何学大厦的基础和框架已现端倪。那种抽象的陈述形式和严密的逻辑推理都是中国传统数学所缺匮的。对此，徐光启有相当深刻的认识。他的"《几何原本》杂议"可以说是一曲对"几何学精神"的赞歌："下学工夫有理有事。此书为益，能今学理者去其浮气、练其精心，学事者资其定法、发其巧思，故举世无一人不当学""能精此书者无一书不可精，好学此书者无一事不可学"。

但是我们也应注意到，在高度赞赏《几何原本》逻辑结构和推理方法的同时，徐光启对社会功用给了更多的强调。把"几何原本中的理论应用到与国计民生密切相关的各个领域之中"，这亦是徐光启执着追求的目标。

在古希腊，几何学被看作是一门澄净心智、荡涤蒙昧的知识，与尘世的兴衰荣辱无关。而在中国，《几何原本》一出世就被贴上了社会功用的标签，也许唯此它才能在这片古老的土地上生存下去。

漫长岁月的等待

《几何原本》前六卷译出之后，中国学者开始了对几何学的独立研究。随后出现有许多著作，比如有李笃培（1575—1631）的《中西数学图说》、方中通（1633—1698）的《几何约》、王锡阐（1628—1682）的《圆解》等。但是这些作品大多只是重复叙述《几何原本》前六卷中的命题，因此在学术界没有产生足够的影响。这种情况直到清初著名数学家、天文学家梅文鼎（1633—1721）的工作问世后才有所改观。

梅文鼎出生于1633年，非常巧合的是，徐光启恰在那年离世。梅文鼎自小就是一位神童，相传他9岁熟五经，通史事，15岁中秀才。不过奇怪的是，此后他屡应乡试不第，于是无意仕途，一生潜心学术，刻苦攻读，数十年如一日，终成一代数学大家。

在梅文鼎时代，西方科学知识已陆续被传入中国。当时知识界中有一些人思想保守、排斥西学，另外一些人则只看重西学，鄙视中国的传统科学。梅文鼎则认为，科学研究应不分中西，"技取其长而理惟其是"，这种中西结合、取长补短的科学态度或是他成就卓越的一大重要原因。梅文鼎被誉为清代"历算第一名家"，其一生著述多达80余种，其中包括数学著作20多种。在这些著作中，他既借鉴、引入西方科学知识，又以一种独立自主的科学精神开展天文学和数学的研究工作。正如梅文鼎所言：

> 且夫数者所以合理也，历者所以顺天也，法有可采何论东西，理所当明何分新旧，在善学者知其所以异，又知其所以同，去中西之见，以平心观理，则弧三角之详明，郭图之简括，皆足以资探讨而启深思。务集众长以观其会通，毋拘名相而取其精粹。

在梅文鼎之前，徐光启最先提出要"会通"中西数学。但当时对西学重在翻译，研究尚少；中国传统数学是以数字计算见长的，数学几乎就是"算学"，由于明代数学衰微，学者对传统数学缺乏了解。在此情形下，自然难以会通中西之学。在数学上真正实现"会通"的，大约是从梅文鼎开始的。在其第一部数学著作《方程论》和多篇诗文中，梅文鼎阐述了将传统的"九数"划分为"算术"和"量法"两大块内容的思想："夫数学一也，分之则有度有数。度者量法，数者算术，是两者皆由浅入深。是故量法最浅者方田，稍进为少广，为商功，而极于勾股；算术最浅者粟布，稍进为衰分，为均输，为盈朒，而极于方程。方程于算术，犹勾股之于量法，皆最精之事，不易明也。"

在介绍和吸收西学的基础上，梅文鼎致力于探求中西数学的一致性，以便实现中西交融——或曰会通。在他看来，中国古代数学中的方田、少广、商功、勾股等内容，都与西方几何学相关，而这些内容中的"极致"与"最精之事"即为勾股，于是"中西会通"的点就聚集在勾股术与几何的关系上。

《几何通解》一书是梅文鼎"以勾股解《几何原本》之根"的尝试。书中15个命题全部来自《几何原本》，证明则采用中国古代勾股术中的恒等变换式。在梅文鼎看来，传统的勾股术完全可以和西方几何学"会通"，这一观点反复地出现在他的许多著作之中。如他在《几何通解》中说，"几何不言勾股，然其理并勾股也……其最难通者，以勾股释之则明。"在《勾股举隅》中说，"勾股之用于是乎神，言测量至西术详矣，究不能外勾股以立算，故三角即勾股之变通，八线乃勾股之立成也。"在《弧三角举要》如是写道："全部《历书》皆弧三角之理，即勾股之理。"

尽管说梅文鼎以勾股术来重新建构几何学的思想——"西学中源说"——有其时代的局限性，但他拟将中西方的数学进行融会贯通的"几何即勾股论"，对于清代数学的发展还是起到了一定的推动作用。想想看，当时的一般学者还无法从结构上欣赏《几何原本》的壮美，不过他们还是可以从梅文鼎这种设计有误却简易明白的蓝图中开始接触《几何原本》为代表的西方数学知识的。时至今天，由梅文鼎开创的中西数学对照研究的思想方法以及他的相关著作，无论在理论上还是实践上，依然有着深远的影响与启迪。

在中国历史上，有一位皇帝对《几何原本》在中国的传播起到了比较积极的促进作用。他是康熙皇帝爱新觉罗·玄烨（1654—1722）。

在梅文鼎等民间数学家钻研《几何原本》的同时，康熙也开始在宫廷学习西方数学。比利时传教士南怀仁（F. Verbiest，1623—1688）为他所选用的第一部教材，就是徐光启和利玛窦所翻译的《几何原本》六卷本的满文译本。之后法国传教士张诚（F. Gerbillon，1654—1707）和白晋（J. Bouvet，1656—1730）又继续为其讲授"欧洲最实用、最新近的几何学"，其讲稿后来被汇入由他谕敕编纂的《数理精蕴》之中。

相比而言，康熙皇帝的继任者们则缺乏他的科学素养和对西学的雍容大度，于是在他身后关上了国门。所以清代中叶学风虽然昌盛，但是对《几何原本》的论述却如仗马寒蝉，唯一的例外可能就是阮元（1764—1849）、李锐（1768—1817）等人编写的《畴人传》了。

《畴人传》是清嘉庆年间问世的一部评述历代天文学家、数学家活动的传记集。全书46卷，前42卷233篇，记载有自太古时代至嘉庆年间天文历法和数学家275人；后4卷作为附录，36篇，记载有西洋天文学家、数学家和来华传教士41人。在《畴人传》最后四卷中，"欧几里得（附丁氏）"，"利玛窦"两条与《几何原本》有关。

乾、嘉两朝这一时期的数学成就主要集中在两个方面，一是对古算书的整理与挖掘有了长足进步，一是在代数领域出现了一些突破传统藩篱的新成果，而这两者是有机地联系在一起的。正因为中国古代数学以数字运算见长，算术和代数比几何学更为发达，古代数学著作就成了一代又一代数学家们寻找珍宝的矿床。比如焦循（1763—1820）对代数运算律的研究来源于对汉唐算书的考察，李锐对方程论的贡献定立在宋元算学家增乘开方法的基础之上，汪莱（1768—1813）关于组合理论和非十进制的阐释可以分别追溯到垛积术和整数四则运算。这些成果显然与《几何原本》没有直接关系，人们只能透过表象找到《几何原本》影响的若干蛛丝马迹。如焦循在《加减乘除释例》中"论数之理，取于相通,不偏举数而以甲乙明之",即以甲、乙、丙、丁等字符来取代数字述四则运算的交换、结合、分配等定律,这在中国数学史上可谓是一大创举,而"不言数而颇能言数"正是《几何原本》的特点之一。

《几何原本》完整本的汉译,依然等待多年后李善兰等人的出场。

《几何原本》后九卷的翻译

李善兰(1811—1882)出生在浙江海宁的一个读书世家。他幼年时即才思敏捷,聪颖过人。话说9岁那年,一天李善兰在书架上看到有一本《九章算术》古算经,就偷偷地取下来看。岂料不看倒罢,一看就爱不释手了。书中新奇的知识一下子把他吸引住了。此后,经过一段时间演算,他竟将全书246道应用题都做出来了。就这样,李善兰开始迷上了数学。15岁时,李善兰开始研读欧几里

李善兰

得《几何原本》——正是徐光启和利玛窦合译的《几何原本》前六卷,他"通其义","时有心得"。欧氏几何严密的逻辑体系,清晰的数学推理,与偏重实用和计算技巧的中国古代传统数学思路迥异,自有它的特色和长处。李善兰在《九章算术》的基础上,又吸取了《几何原本》的新思想,这使他的数学造诣日趋精深。可惜徐、利二人没有译出《几何原本》的后九卷,李善兰深以为憾,常幻想有"好事者或航海译归",使自己得窥全豹。

1840年,鸦片战争爆发,帝国主义列强入侵中国的现实,激发了李善兰科学救国的思想。从此他在家乡刻苦从事数学研究工作。1845年前后,李善兰在嘉兴陆费家设馆授徒,得以与江浙一带的学者相识,他们经常在一起讨论数学问题。此间,有《方圆阐幽》《弧矢启秘》

《对数探源》等多部著作问世。当时西方近代数学尚未传入中国，李善兰通过独立研究，在中国传统数学垛积术和极限方法的基础上，创造了尖锥术。在他的著作中，李善兰为我们呈现了一种独特的处理代数问题的几何模型，运用其独创的尖锥术讨论了二次平方根的幂级数展开式、各种三角函数和反三角函数以及对数函数的幂级数展开式。

伟烈亚力

1852年夏天，42岁的李善兰来到上海墨海书馆，与外国传教士讨论学术，并将自己的数学著作带给他们展阅，其间与伟烈亚力（A. Wylie，1815—1887）相识。伟烈亚力十分赏识李善兰的数学才能，于是就"请之译西国深奥算学并天文等书"，李善兰由此走上了翻译西方科学著作之道路。他们合译的第一部书，就是"续徐、利二人的未完之业"——《几何原本》后九卷。两人合作的方式是当时流行的一人口译一人笔述。由于英文旧版"校勘未精，语讹字误，毫厘千里，所失非轻"，同时"各国语言文字不同，传录译述，既难免差错"，因而其翻译的过程实际上是一次对底本的整理和加工。但这难不倒精于算学、于几何之术亦心领神会的李善兰，故其信笔直书，删芜正讹。两人的续译工作从1852年6月开始，历经4年的辛劳和等待，终于在1856年完工。1857年，《几何原本》后九卷得以正式刊行，时距徐、利前六卷刊行整整250年。

《几何原本》后九卷的初刊本印行量甚少，不久原版毁于战火。1863年，李善兰前往安庆充任曾国藩（1811—1872）的幕宾，战事刚一结束即由曾国藩出资将后九卷与徐光启、利玛窦所译的前六卷一并在南京刊行，时在1865年，这是中国历史上第一部完整的《几何原本》。曾国藩为这一刊本写的序言中道:"《几何原本》不言法而言理,括一切有形而概之曰点、线、面、体……似乎《九章》立法之源而凡《九章》所未及者无不赅也。"他又"邮致三百金",令李善兰"取箧中诸书尽刻之",于是就有了 1867 年金陵刊本的《则古昔斋算学》。1868 年,李善兰被聘为北京同文馆天文算学总教习,在他的规划下,《几何原本》第一次成了中国高等学府的必修课程。

李善兰和学生们

"奇才动君相,绝学合中西",这是清人蒋学坚称颂清代数学家李善兰的诗句。李善兰对于中华民族的贡献,不仅仅限于数学,而是整个近代科学。除了《几何原本》的完本外,他与人还合译有《重学》20 卷、《谈天》18 卷、《代数学》13 卷、《代微积拾级》18 卷、《植物学》8 卷等,这些著作极大地促进了西方科学在中国的传播。

在李善兰身上,我们又一次读到了徐光启当年所具有的那种忧患意识与务实精神。在上海墨海书馆工作期间,他"朝译《几何》,暮译

《重学》",后书是中国最早介绍西方经典力学的译作;他翻译的《代微积拾级》是中国最早介绍解析几何与微积分的著作,《谈天》和《植物学》则分别介绍了西方近代天文学和植物学的成果,未完成的《奈端数理》是把牛顿学说介绍到中国来的伟大尝试。

从徐光启到李善兰,中国经历了一个由开放到封闭而后又开放的过程。历史就这样兜了一个圈子,《几何原本》在修历、治水、戍边关的号角声中进入中国,又伴随着开矿、办厂、造枪炮的鼓点成为完璧。

如若有一天,你遇见《几何原本》这部数学著作,不妨在此稍加驻步,想一想那些年曾经发生在中国近代数学史上的人与事,想一想为何《几何原本》和其所代表的"几何学之理性精神"在中国的传播会经历这样一个漫长的过程,此中当会深有所得。

思考题

1. 简述欧几里得《几何原本》的形成过程以及它对其他学科的影响力。

2. 相关"《几何原本》在中国",你觉得还有什么科学故事值得来分享?

第二章

形式逻辑与三角形内角和定理

在这一章,我们将主要关注三角形内角和定理的演绎证明,其主题内容是《几何原本》第 I 卷的命题 32。让我们先从数学证明和公理化方法谈起。

数学证明和公理化方法

数学证明是数学特有的思维方法。作为一门严谨而富有逻辑性的学科,数学有别于其他学科的一个显著特征,就是对其中除了公理之外的每一个定理都必须给予严格的证明。演绎推理是数学证明的一种基本方法。

(一)数学演绎法

恰如上一章所述,早在公元前 6 世纪,古希腊数学家泰勒斯开创数学命题证明之先河。他的思想经过毕达哥拉斯、欧多克索斯等人的发展和完善,在欧几里得时期形成了一个完整的数学演绎体系。所谓数学演绎证明,指的是从一些不证自明的公设、公理以及定义和已知命题出发,通过形式逻辑的方法来论证某一数学命题的真实性的推理过程。

演绎法是由一般到特殊的推理,它以一般性判断或原理为前提,经由逻辑法则推导出个别结论。在论证形式上,它表现为三段论,即由3个部分组成:

1)一般性的判断(如果 M 是 P,大前提);2)特殊的判断(S 是 M,小前提);3)结论(那么 S 是 P)。

比如,看下面的一个例子。

(1)数学家都有自己的思想;　　　　　　(大前提)
(2)欧几里得是数学家;　　　　　　　　(小前提)
(3)欧几里得有自己的思想。　　　　　　(结论)

在这个例子中,第一个判断是一般的;第二个判断是特殊的;第三个判断则是结论。

《几何原本》作为演绎体系的典范,其中数学命题的证明使用了演绎法。对于书中任意一个具体的命题证明而言,不管是整个证明过程,还是这个证明的局部,都是演绎的。此即是说,一个由数学演绎方法所给出的证明,是由一连串前后连贯的三段论组成的。

我们再来看下面的一个例子。

例2.1 两条直线相交,对顶角相等。

如图,设 AB、CD 两条直线相交于 E 点,求证:$\angle AEC = \angle DEB$。

证明 因为,将线段 AE 立在直线 CD 上,构成邻角 $\angle CEA$、$\angle AED$,

因此由命题 I.13,我们有

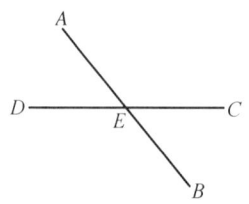

对顶角相等的证明图

$$\angle CEA + \angle AED = 2 \text{ 直角}。$$

又因为，将线段 DE 立在直线 AB 上，构成邻角 $\angle AED$、$\angle DEB$，因此由命题 I.13，有

$$\angle AED + \angle DEB = 2 \text{ 直角}。$$

于是 $\angle CEA + \angle AED = \angle AED + \angle DEB$。

在等式两边都减去 $\angle AED$，即可得到 $\angle AEC = \angle DEB$。

现在我们将上述的这个证明进行详细剖析，分解为若干三段论。

（1）两条直线相交，邻角是两个直角或者相加等于两倍直角（命题 I.13），若将线段 AE 立在直线 CD 上，则 $\angle CEA$、$\angle AED$ 构成一对相邻的角，因此 $\angle CEA + \angle AED = 2$ 直角。

（2）两条直线相交，邻角是两个直角或者相加等于两倍直角（命题 I.13），若将直线 DE 立在直线 AB 上，则 $\angle AED$、$\angle DEB$ 构成一对相邻的角，因此 $\angle AED + \angle DEB = 2$ 直角。

（3）等于同量的两个量也彼此相等（公理1），

$$\angle CEA + \angle AED = 2 \text{ 直角}，\angle AED + \angle DEB = 2 \text{ 直角};$$

因此 $\angle CEA + \angle AED = \angle AED + \angle DEB$。

（4）等量减等量，其差仍相等（公理3）。

$$\angle CEA + \angle AED = \angle AED + \angle DEB，\angle AED = \angle AED;$$

因此 $\angle CEA = \angle DEB$。

以上的 4 个三段论是例 2.1 命题证明的展开，而例 2.1 则是这 4 个三段论的缩略或者说简化版。

数学命题的演绎证明过程，通常就是一连串三段论的有序组合，不过在命题证明的实际运用中，为了简洁起见，往往会省略大前提或小前提，或者以前面推导得到的结论为小前提，甚至有时候只写结论。

由上面的陈述可以看到，演绎法的前提蕴含着结论，在它的前提与结论之间，存在着必然的联系。因此，当它的前提为真时，结论必然是真的。这是演绎推理的根本特点。经由演绎推理的这一根本特点，可以将某个领域的科学知识系统地加以整合，从而构成一门科学的理论体系。数学即是一门演绎的科学。

（二）公理化方法

美国著名数学史家 M.克莱因在其名著《数学：确定性的丧失》一书中如是说：

> 数学依赖于它的一种特殊的方法去达到它惊人而有力的结果，即从一些不证自明的公理出发进行演绎推理。它的实质是，若公理为真，则可以保证由它演绎推理出的结论为真。

克莱因的这段文字，简单明了地概括了公理化方法在数学中的作用及其本质。作为经由演绎推理构建的体系和知识大厦，数学的基础就是其公理系统。整个数学知识的大厦就是按照公理化体系建立起来的。

所谓公理，指的是一组不加证明而承认其真实性的命题。在一个数学理论体系中，数学家总是会尽可能少地选取一些原始概念和一组公理，并以此为出发点，利用形式逻辑——主要采用三段论的模式——推导出其他命题，由此将这个系统建立为一个演绎体系。这种方法就是公理化方法。由这些初始概念、公理、定义、逻辑法则和定理等构成的演绎体系叫作公理体系。其中所有的命题都以一定的次序在此体系中占有一定的位置：每一个命题都是由在它之前的某些命题通过演绎推理得到的，而那些作为演绎前提的命题则是它前面的命题的结论。如此这样，一直追溯到不用证明的公理或者初始概念为止。

在《几何原本》里，欧几里得运用形式逻辑的演绎推理方法，建立了人类历史上第一个数学公理体系。其书的第Ⅰ卷——几何基础部分的内容，就是从 23 个定义、5 个公设和 5 个公理出发的。

1. 23 个定义

《几何原本》第一卷开始即给出了书中几何基础部分所需的 23 个定义，其中的前 7 个定义谈及点、线、面以及它们之间的关系，依次是：

  定义 1 点是没有部分的那种东西。
  定义 2 线是没有宽度的长度（这里的线指的是曲线）。
  定义 3 一线的两端为点。
  定义 4 直线是其上均匀放置着点的线。
  定义 5 面是只有长度与宽度的东西。
  定义 6 面之端是线。
  定义 7 平面是其上均匀放置着直线的面。

接下来的 5 个定义谈及角，这些定义依次是：

  定义 8 平面角是一个平面上两条线之间的倾斜，它们相交且不在一条直线上。
  定义 9 且当夹这个角的线是直线时，这个角叫作直线角。
  定义 10 两直线相交，若其两个邻角相等，则其中的任何一角都为直角。且称其中的任何一条直线为另一直线的垂线。
  定义 11 钝角是大于直角的角。
  定义 12 锐角是小于直角的角。

在呈现圆以及三角形、四边形等具体的形之前，欧几里得给出了边界和图形的概念，此即：

定义 13　边界是某个东西的端。

定义 14　图形是由某一边界或若干边界所围成的东西。

接下来的定义 15—定义 18 都与圆的概念相关。

定义 15　圆是由一条闭曲线所围成的平面图形，其内有一点与这条曲线上的任何一点连成的所有直线段都相等。

定义 16　将上述的这点叫作圆心。

定义 17　圆的直径是穿过圆心、端点在圆上的任意线段，它将圆两等分。

定义 18　半圆是由直径和它截得的圆周所围成的图形。半圆的心和原来圆的圆心相同。

随后欧几里得列出了直线形以及具体的三角形、四边形等概念。

定义 19　直线形是由直线围成的形。三角形是由三条直线围成的形，四边形是由四条直线围成的形，多边形是由四条以上直线围成的形。

定义 20　在三角形中，三边均相等的叫作等边三角形，只有两边相等的叫作等腰三角形，三边各不相等的叫作不等边三角形。

定义 21　在三角形中，有一个直角的叫作直角三角形，有一个钝角的叫作钝角三角形，三个角均为锐角的叫作锐角三角形。

定义 22　在四边形中，等边且均为直角的叫作正方形，均为直角但不等边的叫作长方形，等边但非直角的叫作菱形，对角对边相等、但不等边且非直角的叫作长菱形，其他四边形叫作不规则四边形。

卷 I 的最后一个定义是关于平行线的。

  定义 23 平行直线是同一平面上沿两个方向无定限延长、不论沿哪个方向都不相交的直线。

在 23 个定义之后，迎来的是 5 个公设和 5 个公理。

2. 公设

  公设 1 经过两点可以作一条直线。
  公设 2 直线可以向两端无限延伸。
  公设 3 可以某一点为圆心和给定长度为半径作圆。
  公设 4 所有直角都彼此相等。
  公设 5 一条直线与两条直线相交，若在同侧的两内角之和小于两直角，则这两条直线无限延长后在该侧相交。

3. 公理

  公理 1 等于同量的量也彼此相等。
  公理 2 等量加等量，其和仍相等。
  公理 3 等量减等量，其差仍相等。
  公理 4 彼此重合的东西彼此相等。
  公理 5 整体大于部分。

  在这里，欧几里得采用了亚里士多德对公设与公理的区别，即公理是适用于一切科学的真理，而公设则只适用于几何学。在现代数学中，两者不再区分，统称为公理。

  正是从上述的这些定义、5 条公设和 5 条公理，欧几里得建立了《几何原本》第一卷即几何基础部分的内容，随后更进一步，构建起整座欧氏几何学的大厦，为人类文明史上树立了一座不朽的丰碑。

三角形内角和定理的演绎证明

接下来,让我们一道步入这一章节的主题:形式逻辑与三角形内角和定理的演绎证明,所关注的内容是《几何原本》第Ⅰ卷的命题32。

命题 I.32 在任何一三角形中,若延长其任意一边,则所形成的外角等于不相邻两个内角的和,且三个内角的和等于两直角。

三角形内角和定理可谓是数学中最基本的、也是最重要的定理之一。其在现代数学——比如非欧几何以及微分几何学中有着极为重要的影响力。

这一命题(其中最主要部分)的现代数学表述是:

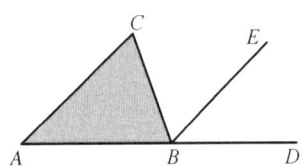

如图,设有三角形 ABC,求证:$\angle ABC + \angle BCA + \angle CAB = 180°$。

乍一看,它的证明是非常简单的。对于现代的某一位中学生来说,其证明或可以表述如下:过点 B 作 AC 的平行线 BE,于是我们有

$$\angle B + \angle C + \angle A = \angle ABC + \angle CBE + \angle EBD = 180°。$$

可是,这简简单单看似只有一行的"证明",在欧几里得《几何原本》里,却是一个非常烦琐且并不简单的数学故事!

让我们遵循欧几里得的思想和逻辑,来看看这一数学证明故事是如何推进的。

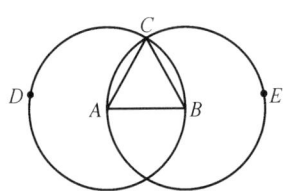

命题 I.1 在已知的一条有限线段上可以作一个等边三角形。

现代的数学表述:

如图,设 AB 是一条给定的线段,那么,以线段 AB 为边可以作一个等边三角形。

证明：可以 A 为圆心、AB 为半径作圆 BCD；　　　　（公设 3）

再以 B 为圆心、以 BA 为半径作圆 ACE；　　　　（公设 3）

由两圆的交点 C 到点 A，B 可连线 CA、CB。　　　（公设 1）

因为，点 A 是圆 CDB 的圆心，故有 AC = AB。　　（定义 I.15）

又点 B 是圆 CAE 的圆心，故有 BC = BA。　　　　（定义 I.15）

于是，由 CA = AB，BC = BA 可知 CA = BC。　　　（公理 1）

所以 CA、AB、BC 彼此相等。

因此三角形 ABC 是所求的等边三角形。　　　　　　（定义 I.20）

此即是说，在已知线段 AB 上可作以其为一边的等边三角形 ABC（Q.E.F.）。

注释 1.1　经由上可以看到，作为《几何原本》最初的命题，命题 I.1 的证明只用到公设 1、公设 3 以及公理 1，还有定义 I.15、I.20，没有用到其他的命题。为简洁起见，图示如下：

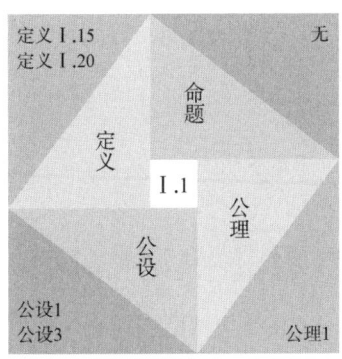

注释 1.2　若将上述的证明进行详细剖析，可分解为 8 个三段论。

（1）可以某一点为圆心和给定长度为半径作圆；　　（公设 3）

这里 A 为某一点，AB 为给定长度；

因此可以以 A 为圆心、AB 为半径作圆 BCD。

（2）可以某一点为圆心和给定长度为半径作圆；　　（公设 3）

这里 B 为某一点，BA 为给定长度；

因此可再以 B 为圆心、以 BA 为半径作圆 ACE。

(3) 经过两点可以作一条（且只有一条）直线； （公设1）

设有点 C，A；

由 C 到点 A 可作连线 CA。

(4) 经过两点可以作一条（且只有一条）直线； （公设1）

设有点 C，B；

由 C 到点 B 可作连线 CB。

(5) 圆是由一条线所围成的平面图形，其内有一点与这条线上的点连成的所有直线段都相等； （定义Ⅰ.15）

因为，点 A 是圆 CDB 的圆心；

因此有 $AC=AB$。

(6) 圆是由一条线所围成的平面图形，其内有一点与这条线上的点连成的所有直线段都相等； （定义Ⅰ.15）

因为，B 是圆 CAE 的圆心；

因此有 $BC=BA$。

(7) 等于同量的量也彼此相等； （公理1）

因为 $CA=AB$，$BC=BA$；

所以 $CA=BC$。

(8) 在三角形中，三边均相等的叫作等边三角形； （定义Ⅰ.20）

在三角形 ABC 中，三边 CA、AB、BC 彼此相等；

因此三角形 ABC 是等边三角形。

注释 1.3 将这一命题作为《几何原本》的第一个命题是自然的，三角形结构清晰，其证明过程也条理井然。当然对于 C 点可以有两种选择，线段上、下任意一个皆可。后世有一些学者问道，为什么欧几里得不将命题Ⅰ.4 列为此书的第一个命题，因为该命题逻辑上不依赖于前三个命题。或许，欧几里得的第一命题的选择自有他的理由，比如从一个正三角形开始，有其美学上的意义。

注释1.4 读者或许有注意到，在《几何原本》每一个命题证明的最后，出现有 Q.E.F.或者 Q.E.D. 的字样，这可以视为欧几里得几何学命题证明结束的一个标准。Q.E.F. 是拉丁文"quod erat faciendum"的缩写，意即"这就是所要作的"。而 Q.E.D.则是拉丁文"quod erat demonstrandum"的缩写，意即"这就是所要证明的"。在一些《几何原本》的中译本里，有将两者统一为"证完"的字样。

注释1.5 此外，还值得一提的是，若以批判性思维再来细细研读上述命题Ⅰ.1 的证明，或将可以知道，欧几里得关于上述命题的证明存在一些逻辑漏洞：比如说，圆 BCD 和圆 ACE 的交点 C 为何是存在的呢？严格说来，这是需要证明的，因为在几何学的模式中，不相交的圆自然是存在的。所以，在这里或许还需要欧几里得尚未提出的更多公设。这也为后来的学者们进行相关主题的研究留下了广阔的空间。

命题Ⅰ.2 由一个已知点（作为端点）可以作一线段等于已知线段。

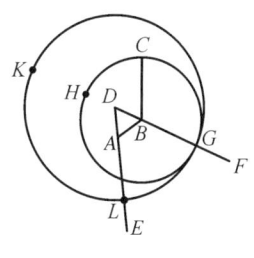

现代的数学表述：

设 A 为已知点，BC 为给定的线段，那么，可求作一条以 A 为端点的线段，其长度等于 BC。

证明：连接点 A、B，得到线段 AB，　　　　　　　（公设1）

并以此线段 AB 为边作一个等边三角形 DAB，　　（命题Ⅰ.1）

延长 DA，DB 有直线 AE，BF，　　　　　　　　（公设2）

以 B 为圆心、BC 为半径，作圆 CGH，　　　　　（公设3）

再以 D 为圆心、DG 为半径，作圆 GKL，　　　　（公设3）

于是有 BC = BG，DL = DG。　　　　　　　　　（定义Ⅰ.15）

再由 $DA = DB$ 可知 $AL = BG$，　　　　　　　　　　（公理 3）

注意到已证有 $BC = BG$，于是 $AL = BG = BC$。　　（公理 1）

因此线段 AL 即为所求的以 A 为端点、其长度等于 BC 的线段（Q.E.F.）。

注释 2.1　由上面的演绎证明过程可以看到，命题 I.2 的证明除了用到公设 1、公设 2、公设 3；公理 1、公理 3 以及定义 I.15 之外，还要用到命题 I.1。或可以简洁地图示如下：

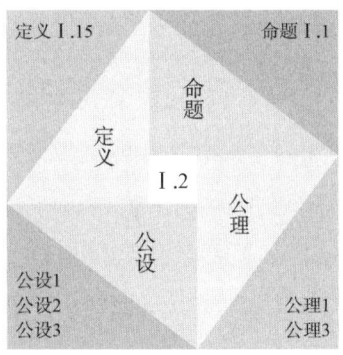

注释 2.2　经由尺规作图的哲思，命题 I.2 用以解决一类看似很简单的问题：滑动线段 BC，使其一端与 A 点重叠。可是在欧几里得几何里，运动是并未涉及的领域。这一命题将用在命题 I.3 的演绎证明中。

命题 I.3　已知两条不相等的线段，可以在较长的线段上截取一条线段等于较短的线段。

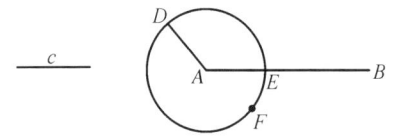

现代的数学表述：

如图，设 AB 和 c 是两条不相等的线段，且 AB 较长。

那么，可以从较长的线段 AB 上截取一线段等于较短的线段 c。

证明：由点 A 取 AD，使得 $AD = c$，　　　　　　（命题 I.2）

现以 A 为圆心、AD 为半径作圆 DEF。 （公设 3）

于是 $AE = AD$， （定义 I.15）

所以 $AE = c$。 （公理 1）

因此，线段 AE 即为所求（Q.E.F.）。

注释 3.1 由上面的演绎证明过程可以看到，命题 I.3 的证明除了用到公设 3、公理 1 以及定义 I.15 之外，还要用到命题 I.2。或可以简洁地图示如下：

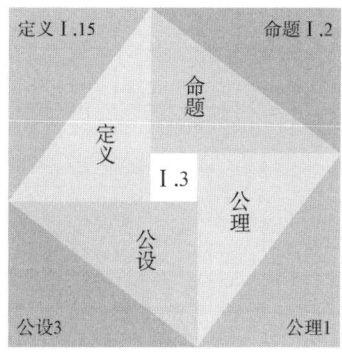

注释 3.2 命题 I.3 的证明建立在命题 I.2 的基础之上。借助于这一命题，或可以将线段进行相减、相加运算，几何代数学因此成为可能。此命题在《几何原本》里有非常多的应用。

命题 I.4 如果在两个三角形中，有两条对应边及夹角相等，那么其第三边亦相等，两个三角形亦全等，其余的两对应角亦相等。

现代的数学表述：

如图，设在两个三角形 ABC、三角形 DEF 中，有 $AB = DE$、$AC = DF$，且 $\angle BAC = \angle EDF$。

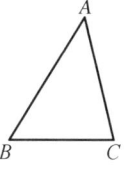

求证：三角形 ABC 全等于三角形 DEF。

证明：若移动三角形 ABC 到三角形 DEF 上，使得点 A 落在点 D 上，且线段 AB 落在 DE 上，由于 AB = DE，因而点 B 也就同 E 点重合。

又因为 ∠BAC = ∠EDF，线段 AC 也与 DF 重合。

因为 AC = DF，故点 C 与点 F 重合。

于是，移动后底边 BC 也与 EF 重合。　　　　　（公设 1）

这就是说，三角形 ABC 经移动后可以和三角形 DEF 重合，于是有，三角形 ABC 全等于三角形 DEF，其余对应边和对应角都相等。

（公理 4）

这就是所要证明的（Q.E.D.）。

注释 4.1　由上面的演绎证明过程可以看到，命题 I.4 的证明只用到公设 1 和公理 4，没有用到其他的命题。或可以简洁地图示如下：

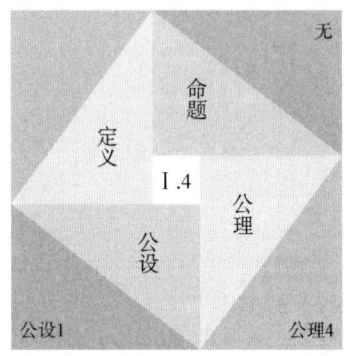

注释 4.2　和命题 I.1 一样，命题 I.4 的证明也没有用到任何其他的命题。不过，在此命题的证明过程里，欧几里得隐约涉及运动的思想，因此被后来的一些学者所质疑。比如在 20 世纪的数学哲学家伯特兰·罗素看来，这个命题作为一个公设或许会更合理些，罗素的这一设想事实上已部分地出现在希尔伯特的《几何基础》一书中。

注释 4.3　作为三角形全等理论的支柱——三大判定定理之一，命题 I.4（在如今的中学数学教科书中简称为 SAS）在后面命题的证明中有着极为广泛的应用。相关的命题还有命题Ⅰ.8以及命题Ⅰ.26。

命题Ⅰ.5 等腰三角形的两底角相等,若将其腰延长,则与底边形成的两个补角亦相等。

现代的数学表述:

如图,设 ABC 是一个等腰三角形,且 $AB=AC$;BD、CE 分别是 AB、AC 的延长线。

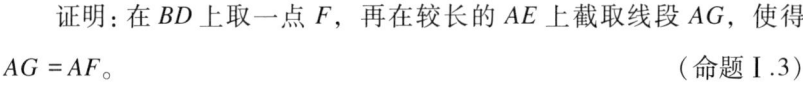

求证:$\angle ABC = \angle ACB$,$\angle CBD = \angle BCE$。

证明:在 BD 上取一点 F,再在较长的 AE 上截取线段 AG,使得 $AG=AF$。 (命题Ⅰ.3)

连接 GB、FC。 (公设1)

经由 $AG=AF$,$AB=AC$,再加上它们有一个公用角 $\angle FAG$,可知

三角形 AGB 全等于三角形 AFC,$GB=FC$,其余对应角亦相等,此即

$$\angle ABG = \angle ACF, \quad \angle AGB = \angle AFC。 \quad (命题Ⅰ.4)$$

又由 $AG=AF$,$AC=AB$ 可知 $CG=BF$。 (公理3)

加上已证明有 $GB=FC$ 和 $\angle AGB = \angle AFC$ 可知

三角形 CGB 也全等于三角形 BFC,其余对应角相等,此即

$$\angle GCB = \angle FBC, \quad \angle CBG = \angle BCF。 \quad (命题Ⅰ.4)$$

再加上已证明有 $\angle ABG = \angle ACF$,

因此其余下的角相等,此即有 $\angle ABC = \angle ACB$。 (公理3)

这就是所要证明的(Q.E.D.)。

注释5.1 由上面的演绎证明过程可以看到,命题Ⅰ.5的证明除了用到公设1、公理3之外,还要用到命题Ⅰ.3、命题Ⅰ.4。或可以简洁地图示如下:

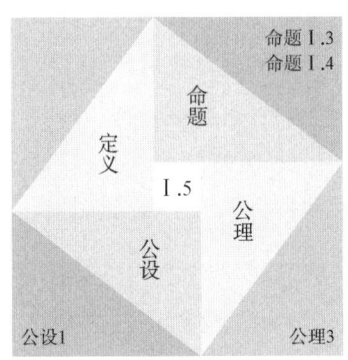

注释 5.2　这一命题包含有两个结论：一是三角形的两底角相等，二是它们的补角相等。若只为证明第一个结论，似乎如下的方法更为简洁。

经由 $AB=AC$，$\angle BAC=\angle CAB$，$AC=AB$ 即可知有

三角形 ABC 全等于三角形 ACB，因此 $\angle ABC=\angle ACB$。

由此引出一个问题，欧几里得知道这一证明方法吗？如果他知道的话，为何他要采用上述看着如此烦琐的证明之旅呢？

命题 I.7　在已知线段上（从它的两端点）引出两条线段交于一点，那么，在同一侧不可能有相交于另一点的另外两条线段，分别等于前两条线段，即每个交点到相同端点的线段相等。

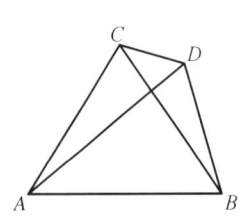

现代的数学表述：

如图，假设过 A、B 两点可以作两组线段：AC、CB，两者相交于 C 点；AD、DB，两者在 AB 同一边相交于 D 点；且有 $CA=DA$，$CB=DB$。那么 $C=D$。

证明：若不然，假设 C 和 D 是不同的。

往证：这是不可能的。

由于 C 和 D 是不同的，可连接 CD。　　　　　　（公设 1）

那么，经由 $AC = AD$ 可知 $\angle ACD = \angle ADC$。 （命题Ⅰ.5）

再注意到 $\angle DCB < \angle ACD$，$\angle ADC < \angle CDB$， （公理5）

此即有 $\angle DCB < \angle CDB$。

但是，由 $CB = DB$ 可知 $\angle CDB = \angle DCB$。 （命题Ⅰ.5）

这与上已证得的结论矛盾。

因此假设不能成立。也就是说，原命题是对的。Q.E.D.

注释7 由上面的演绎证明过程可以看到，命题Ⅰ.7 的证明除了用到公设1、公理5之外，还要用到命题Ⅰ.5。或可以简洁地图示如下：

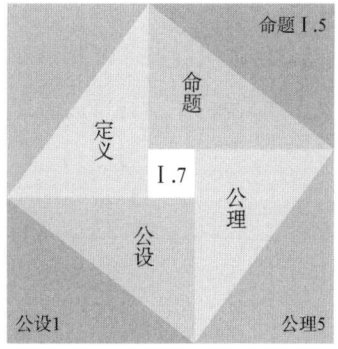

命题Ⅰ.8 如果两个三角形有三边对应相等，那么这两个三角形的所有对应角亦相等。

现代的数学表述：

如图，设在三角形 ABC、三角形 DEF 中，有 $AB = DE$，$AC = DF$，$BC = EF$。

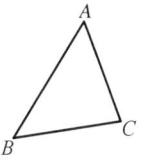 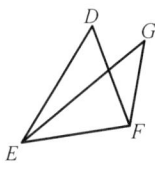

求证：三角形 ABC 与三角形 DEF 全等。

证明：移动三角形 ABC 至三角形 DEF，使得点 B 和点 E 重合，线段 BC 在 EF 上，由于 $BC = EF$，点 C 也就和点 F 重合。

往证：移动之后 BA、AC 也分别和 ED、DF 重合。

若不然,由底边 EF 的同一侧可引出两组边 DE、DF 和 EG、GF(分别由 BA、AC 移动后得到),且有 $DE = GE$,$DF = GF$,而这是不可能的。 (命题Ⅰ.7)

所以,假设不能成立。

因此三角形 GEF 和三角形 DEF 重合。

此即,三角形 ABC 与三角形 DEF 全等,于是有

$\angle BAC = \angle EDF$,$\angle ABC = \angle DEF$,$\angle BCA = \angle EFD$。(公理 4)

所以,如果两个三角形有三边对应相等,那么这两个三角形的所有对应角亦相等。Q.E.D.

注释8.1 由上面的演绎证明过程可以看到,命题Ⅰ.8 的证明除了用到公理 4 之外,还要用到命题Ⅰ.7。或可以简洁地图示如下:

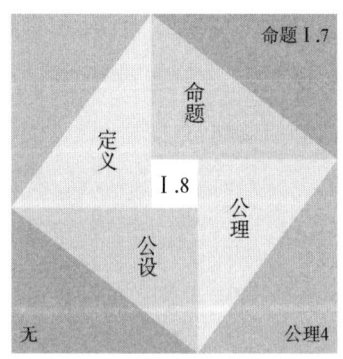

注释8.2 这是三角形全等理论的第二个定理(在今日的中学数学教科书中,简称 SSS)。和命题Ⅰ.4 一样,它也多次被应用到《几何原本》后面命题的证明中。

命题Ⅰ.9 一个角可以被平分为两个相等的角。

现代的数学表述:

如图,设 $\angle BAC$ 为一已知的角,那么可以将此角二等分。

证明：在 AB 边上取一点 D，再在 AC 边上取一点 E，使 AE = AD。
（命题 I.3）

连接 DE，　　　　　　　　　　　　　　　　　　　（公设 1）

以 DE 为一边在其上作等边三角形 DEF。　　　　（命题 I.1）

再连接 AF，　　　　　　　　　　　　　　　　　　（公设 1）

则 ∠BAC 即被射线 AF 平分。

这是因为，经由 AD = AE，AF = AF，DF = EF 可知

三角形 ADF 与三角形 AEF 全等，且 ∠DAF = ∠EAF。（命题 I.8）

所以 ∠BAC 被射线 AF 平分。此即，一个角可以切分成两个相等的角。Q.E.D.

注释 9.1　由上面的演绎证明过程可以看到，命题 I.9 的证明除了用到公设 1 之外，还要用到命题 I.1、命题 I.3、命题 I.8。或可以简洁地图示如下：

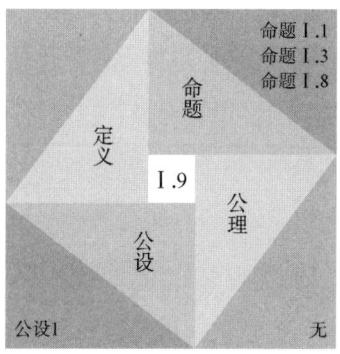

注释 9.2　由命题 I.9 可知，用尺规作图方法将任何一个角二等分是可行的，也是容易的。不过，让人感到惊奇的是，应用欧几里得的作图工具或许不可能将一给定的角三等分，这一数学的迷思经过 2 000 多年的等待，直到 19 世纪才被数学家们所厘清和解决。

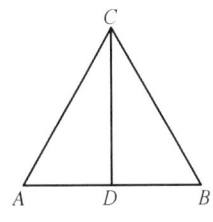

命题 I.10 一条线段可以被分成两条相等的线段。

现代的数学表述：

如图，设 AB 为一已知的线段，那么，可以将此线段平分为两条相等的线段。

证明：以 AB 为边在其上作等边三角形 ABC。（命题 I.1）

再将 ∠ACB 两等分（设角平分线 CD），与 AB 相交于 D。

（命题 I.9）

那么，D 点就是线段 AB 的平分点。

这是因为，经由 AC = CB，∠ACD = ∠BCD，CD = CD 可知三角形 ACD 与三角形 BCD 全等，且 AD = BD。（命题 I.4）

因此线段 AB 被 D 点平分。Q.E.D.

注释 10.1 由上面的演绎证明过程可以看到，命题 I.10 的证明要用到前面的命题 I.1、命题 I.4、命题 I.9。或可以简洁地图示如下：

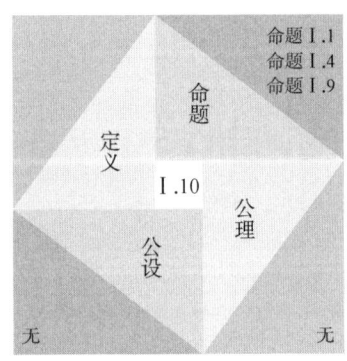

注释 10.2 如若说命题 I.9 呈现的是，如何借助于尺规作图——将任一给定的角二等分的话，那么在随后的这一命题中，欧几里得告诉我们说，类似的数学故事在线上也是真的！借助于尺规作图，亦可以将任意线段加以二等分！

命题 I.11　由已知直线上一点可以作一直线与已知直线垂直。

现代的数学表述：

如图，设 AB 是已知直线，C 为直线上一点，那么，过点 C 可以作一条直线垂直于 AB。

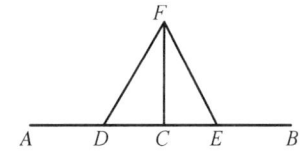

证明：在 AC 上取一点 D，再在 CB 上取一点 E，使得 $CE = CD$。

（公设 2，命题 I.3）

以 DE 为边在其上作等边三角形 FDE。　　　　（命题 I.1）

连接 FC，　　　　　　　　　　　　　　　　　　（公设 1）

则 FC 即为所求。

这是因为，由 $DC = CE$，$CF = CF$，$DF = FE$ 可知，

三角形 DCF 全等于三角形 ECF，$\angle DCF = \angle FCE$。（命题 I.8）

再注意到这两者（$\angle DCF$ 与 $\angle ECF$）互为邻角，于是知

$\angle DCF$、$\angle FCE$ 皆为直角。　　　　　　　　　（定义 I.10）

所以，由已知直线上一点可以作一直线与已知直线垂直（Q.E.F.）。

注释 11.1　由上面的演绎证明过程可以看到，命题 I.11 的证明除了用到公设 1、公设 2 以及定义 I.10 之外，还要用到命题 I.1、命题 I.3、命题 I.8。或可以简洁地图示如下：

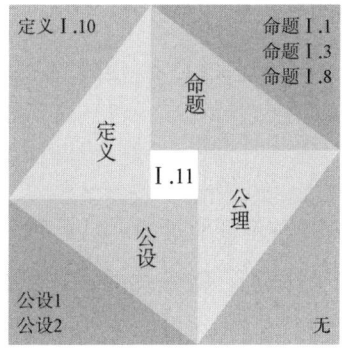

注释 11.2 这个命题说的是，过直线上一点作已知直线的垂线是存在的。与此相应的，在随后的命题 I.12 中，欧几里得则进一步告诉我们说，过直线外的一点作已知直线的垂线也是存在的。不过命题 I.12 在三角形内角和定理的证明过程中并没有应用到，故在此略过。

命题 I.13 两条直线相交，邻角是两个直角或者相加等于两倍直角（即 180°）。

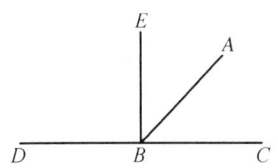

现代的数学表述：

如图，设在直线 CD 上任意立一条射线 BA，形成 ∠CBA 及 ∠ABD。

求证：∠CBA、∠ABD 或都是直角，或者两者之和等于两倍直角。

证明：如果 ∠CBA = ∠ABD，那么它们一定是两个直角。

（定义 I.10）

如果不是，则可由 B 点出发作 BE，使之垂直于 CD。（命题 I.11）

那么 ∠CBE、∠EBD 都是直角。

于是，由 ∠CBE = ∠CBA + ∠ABE 可知

∠CBE + ∠EBD = ∠CBA + ∠ABE + ∠EBD。　（公理 2）

而 ∠DBA = ∠DBE + ∠EBA。

那么，我们有

∠DBA + ∠ABC = ∠DBE + ∠EBA + ∠ABC。　（公理 2）

因此 ∠DBA + ∠ABC = ∠CBE + ∠EBD = 2 倍直角（或者 180°）。

（公理 1，定义 I.10）

这就是所要证明的（Q.E.D.）。

注释 13.1 由上面的演绎证明过程可以看到，命题 I.13 的证明除了用到公理 1、公理 2 以及定义 I.10 之外，还要用到命题 I.11。或可以简洁地图示如下：

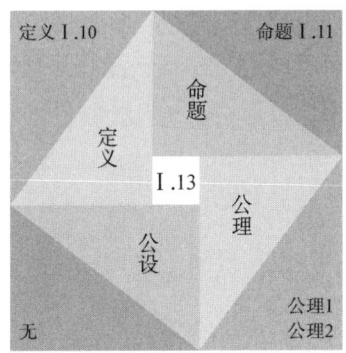

注释 13.2 在如今的中学数学教科书中，这一命题中的结论是作为事实陈述的。而在《几何原本》中，则是通过一系列的命题（命题 I.1、命题 I.2、命题 I.3、命题 I.4、命题 I.5、命题 I.7、命题 I.8、命题 I.11）演绎推理才被证明得到。

命题 I.15 两条直线相交，对顶角相等。

现代的数学表述：

如图，设 AB、CD 两条直线相交于 E 点。

求证：$\angle AEC = \angle DEB$，$\angle CEB = \angle AED$。

证明：将射线 AE 立在直线 CD 上，构成 $\angle CEA$、$\angle AED$，

因此有 $\angle CEA + \angle AED = 180°$。　　　　　　（命题 I.13）

又，将线段 DE 立在线段 AB 上，构成 $\angle AED$、$\angle DEB$，因此

$$\angle AED + \angle DEB = 180°。 \quad （命题 I.13）$$

于是有

$$\angle CEA + \angle AED = \angle AED + \angle DEB。（公设4、公理1）$$

在等式两边都减去 $\angle AED$，即可得到 $\angle CEA = \angle DEB$。（公理3）

同理可证 $\angle CEB = \angle DEA$。

所以，两条直线相交，对顶角相等。

这就是所要证明的（Q.E.D.）。

注释 15.1　由上面的演绎证明过程可以看到，命题 I.15 的证明除了用到公设 4、公理 1、公理 3 之外，还要用到命题 I.13。或可以简洁地图示如下：

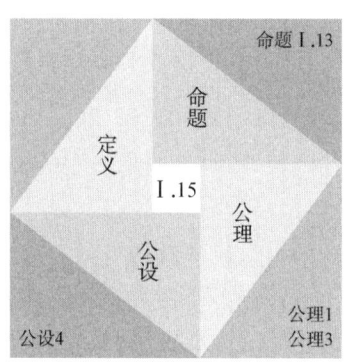

注释 15.2　有如上一章提到的，这个命题相传是由泰勒斯发现的。"两直线相交，对顶角相等"，看似如此显然的一个结论，在《几何原本》里，却是经过诸多环逻辑之链才得以说明，它的确是真的。欧几里得几何学体系的严密性，由此可见一斑。

命题 I.16　在任一三角形，若延长一边，则其外角大于任何不相邻的一个内角。

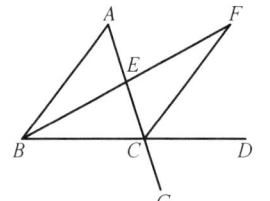

现代的数学表述：

如图，设 ABC 为任意三角形，延长 BC 边至 D。

求证：$\angle ACD > \angle CBA$，$\angle ACD > \angle BAC$。

证明：在 AC 上取 E 点，使之平分 AC，此即有 $AE = EC$。

（命题 I.10）

连接 BE，并延长至 F，使得 $EF = BE$。　　（公设 1，命题 I.3）

连接 FC，延长 AC 至 G。　　　　　　　　（公设 1，公设 2）

则经由 $AE = EC$，$EF = BE$，

再加上 ∠AEB = ∠FEC，　　　　　　　　　　　（命题Ⅰ.15）

可知

三角形 ABE 全等于三角形 CFE，∠BAE = ∠ECF。　（命题Ⅰ.4）

又 ∠ECD > ∠ECF，　　　　　　　　　　　　　（公理5）

所以有 ∠ACD > ∠BAE。

同理可证 ∠ACD > ∠ABC。　　（其中主要会用到命题Ⅰ.15）

因此，在任意三角形中，其外角大于任何一个不相邻的内角。

这就是所要证明的（Q.E.D.）。

注释 16.1　由上面的演绎证明过程可以看到，命题Ⅰ.16 的证明除了用到公设1、公设2、公理5之外，还要用到命题Ⅰ.3、命题Ⅰ.4、命题Ⅰ.10、命题Ⅰ.15。或可以简洁地图示如下：

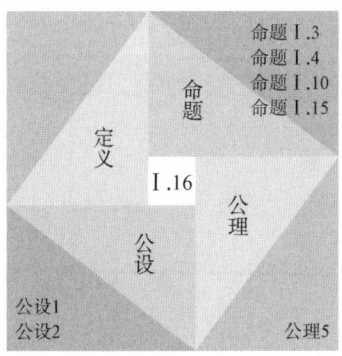

注释 16.2　命题Ⅰ.16 可视为三角形内角和定理（命题Ⅰ.32）的前奏曲。在后面的命题Ⅰ.32 中，欧几里得用公设5进一步证明，三角形的外角等于其不相邻的两个内角之和。

命题Ⅰ.18　在任意三角形中，大边对大角。

现代的数学表述：

如图，设在三角形 ABC 中，边 AC > AB，

求证：∠ABC > ∠BCA。

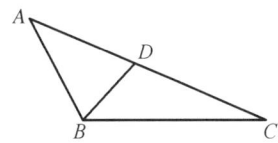

证明：由于 $AC > AB$，可在 AC 上截取 $AD = AB$； （命题 I.3）

连接 BD。 （公设 1）

于是，由于 $\angle ADB$ 是三角形 BCD 的一个外角，所以有

$$\angle ADB > \angle DCB,\qquad （命题 I.16）$$

此即有 $\angle ADB > \angle ACB$。

而经由 $AB = AD$ 可知 $\angle ADB = \angle ABD$， （命题 I.5）

再加上 $\angle ABC > \angle ABD$， （公理 5）

因此有 $\angle ABC > \angle BCA$。

这就是所要证明的（Q.E.D.）。

注释 18　由上面的演绎证明过程可以看到，命题 I.18 的证明除了用到公设 1、公理 5 之外，还要用到命题 I.3、命题 I.5、命题 I.16。或可以简洁地图示如下：

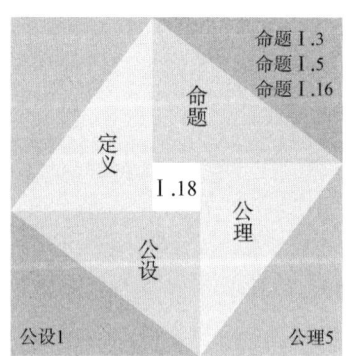

命题 I.19　在任意三角形中，大角对大边。

现代的数学表述：

如图，设在三角形 ABC 中，$\angle ABC > \angle BCA$，求证：$AC > AB$。

证明：反证法。

若不然，假设 AC 等于或小于 AB。

但如果 $AC = AB$，则有 $\angle ABC = \angle BCA$，　　　　（命题 I.5）

这与已知 $\angle ABC > \angle BCA$ 矛盾。

于是只能有 $AC < AB$，此即 $AB > AC$，于是有

$$\angle BCA > \angle ABC,\qquad （命题 I.18）$$

这亦与已知 $\angle ABC > \angle BCA$ 相矛盾。

因此，$AC > AB$。

这就是所要证明的（Q.E.D.）。

注释 19.1　由上面的演绎证明过程可以看到，命题 I.19 的证明要用到命题 I.5、命题 I.18。或可以简洁地图示如下：

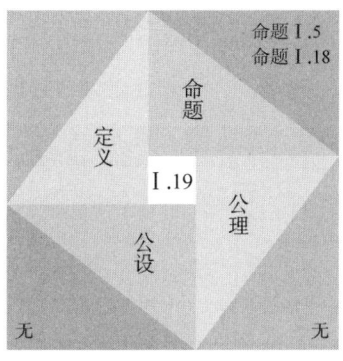

注释 19.2　命题 I.19 和前面的命题 I.18 两者互为逆命题，这里有一个问题或可以进一步有待反思："大角对大边"这一结论的证明一定需要通过先证明"大边对大角"才能被实现么？

命题 I.20　在三角形中，任意两边之和大于其余一边。

现代的数学表述：

如图，设 ABC 为一个三角形，则其任意两边之和大于其余一边，即

$BA + AC > BC$，$AB + BC > AC$，$BC + CA > AB$。

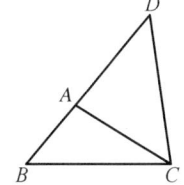

证明：将 BA 延长到点 D，使 $DA = CA$，　　（公设 2，命题 I.3）

连接 DC。　　（公设 1）

于是，由 $DA = AC$ 可知 $\angle ADC = \angle ACD$；　　（命题 I.5）

而 $\angle BCD > \angle ACD$，　　（公理 5）

因此 $\angle BCD > \angle ADC$，此即 $\angle BCD > \angle BDC$。

于是有 $DB > BC$。　　（命题 I.19）

所以有
$$BA + AC = BA + AD = BD > BC。\qquad（公理 2）$$

类似可证其他两种情形。

这就是所要证明的（Q.E.D.）。

注释 20.1　由上面的演绎证明过程可以看到，命题 I.20 的证明除了用到公设 1、公设 2、公理 2、公理 5 之外，还要用到命题 I.3、命题 I.5、命题 I.19。或可以简洁地图示如下：

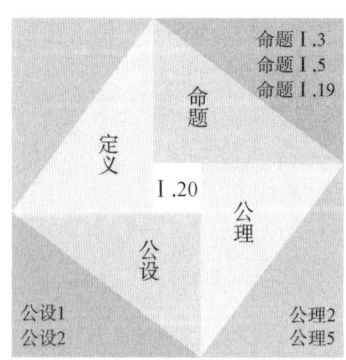

注释 20.2　命题 I.20 陈述了三角形三边之间的不等式关系。它在某种意义上表明，连接两点之间最短距离的路径是直线（段）。

此外，这一命题的证明还可以有如下的方法：

证明：如图，设 AD 是 $\angle BAC$ 的角平分线，

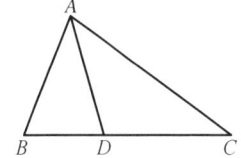

交 BC 于 D。 （命题 I.9）

于是，我们有 $\angle ADC > \angle BAD$。 （命题 I.16）

此即有 $\angle ADC > \angle DAC$。

所以，若关注三角形 ADC，则有

$$AC > CD,$$ （命题 I.19）

同理可证，$AB > BD$。

因此有 $AC + AB > CD + BD = BC$。

此即是所要证明的（Q.E.D.）。

命题 I.22 若用三条线段作三角形，那么这三条线段必须满足于任意两条的和大于第三条的条件。

现代的数学表述：

如图，设有三条给定的线段 a、b、c，满足任意两条的长度和大于第三条的长度，则可用 a、b、c 三条线段作一个三角形。

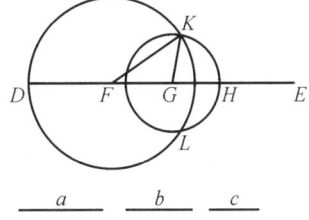

证明：作直线 DE，起于 D，向 E 方向无限延长。 （公设 2）

在其上依次截取 $DF = a$，$FG = b$，$GH = c$。 （命题 I.3）

以 F 为圆心、FD 为半径作圆 DKL； （公设 3）

以 G 为圆心、GH 为半径作圆 KLH，并交前面的圆 DKL 于 K。

（公设 3，命题 I.20）

连接 KF、KG。 （公设 1）

则三角形 KFG 即为所求。

这是因为，F 是 DKL 的圆心，故 $KF = FD = a$。（定义 I.15，公理 1）

又，G 是圆 LKH 的圆心，故 $GK = GH = c$。 （定义 I.15，公理 1）

而由上可知，$FG = b$。

所以，三条线段 KF、FG、GK 也就等于 a、b、c 三条线段。

于是三角形 KFG 是以 a、b、c 三条线段为边的三角形（Q.E.F.）。

注释 22.1　由上面的演绎证明过程可以看到，命题 I.22 的证明除了用到公设 1、公设 2、公设 3、公理 5 以及定义 I.15 之外，还要用到命题 I.3、命题 I.20。或可以简洁地图示如下：

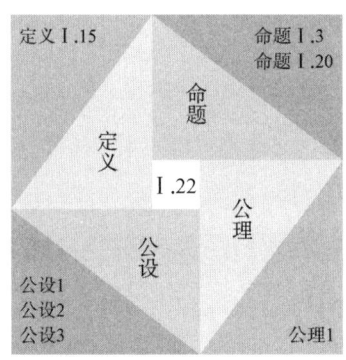

注释 22.2　在《几何原本》里，并没有直接谈及命题 I.22 的证明需要用到命题 I.20。不过字里行间，这一命题的内容以及证明中当蕴含有命题 I.20 的应用。

命题 I.23　已知一条直线和其上一点，可以作一个角等于已知角。

现代的数学表述：

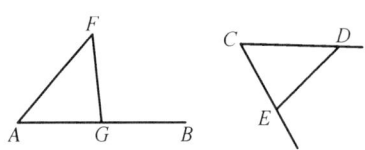

如图，设 AB 为已知直线，A 为其上的一个给定点，∠DCE 为已知角。

那么，可在直线 AB 的 A 点上作角 ∠FAG，使之等于已知角 ∠DCE。

证明：在直线 CD、CE 上各取一点 D、E，连接 DE，　　（公设1）

关注三角形 CDE，我们有

$$CD + DE > CE, \quad CE + DE > CD, \quad CD + CE > DE。$$

（命题 I.20）

因此，可作三角形 AFG，使得

$$AF = CD, AG = CE, FG = DE。 \quad （命题 I.22）$$

于是有，三角形 AFG 和三角形 CDE 全等，$\angle FAG = \angle DCE$。

（命题 I.8）

这即是说，已知一条直线和其上一点，可以作一个角等于已知角（Q.E.F.）。

注释 23 由上面的演绎证明过程可以看到，命题 I.23 的证明除了用到公设 1 之外，还要用到命题 I.8、命题 I.20、命题 I.22。或可以简洁地图示如下：

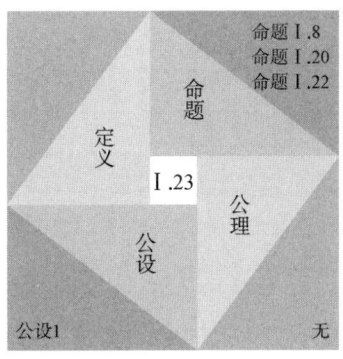

命题 I.27 如果一条直线与另两条直线相交，所形成的内错角相等，那么这两条直线平行。

现代的数学表述：

如图，设直线 EF 与直线 AB、CD 相交，已知 $\angle AEF = \angle EFD$（内错角相等）。

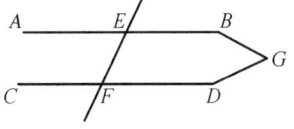

求证：AB 平行于 CD。

证明（用反证法）：若不然，假设 AB、CD 是不平行的，那么它们一定在 B、D 的方向或 A、C 的方向相交。不妨先假设它们在 B、D 的方向相交于 G 点。

那么，若关注三角形 EFG，则有

$$\angle AEF > \angle EFG, \quad (命题\,\mathrm{I}.16)$$

而这与已知 $\angle AEF = \angle EFD$ 相矛盾。

所以，AB、CD 在 B、D 方向的延长线不可能相交。

同理可证，在 A、C 方向上也不能相交。

因此，直线 AB 平行于 CD， （定义 I.23）

这就是所要证明的（Q.E.D.）。

注释 27　由上面的演绎证明过程可以看到，命题 I.27 的证明除了用到定义 I.23 之外，还要用到命题 I.16。或可以简洁地图示如下：

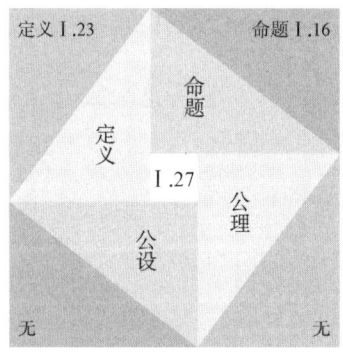

命题 I.29　一条直线与两条平行线相交，所形成的内错角相等，同位角相等，同旁内角互补。

现代的数学表述：

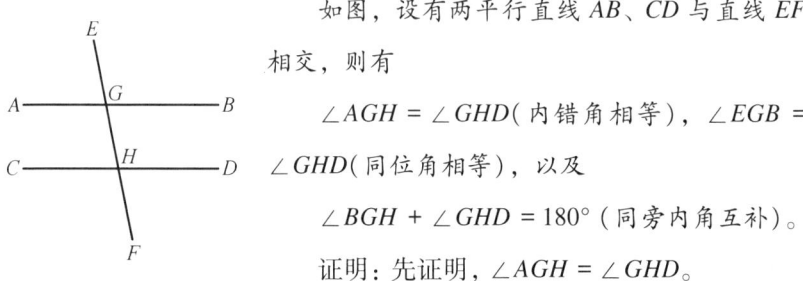

如图，设有两平行直线 AB、CD 与直线 EF 相交，则有

$\angle AGH = \angle GHD$（内错角相等），$\angle EGB = \angle GHD$（同位角相等），以及

$\angle BGH + \angle GHD = 180°$（同旁内角互补）。

证明：先证明，$\angle AGH = \angle GHD$。

用反证法。若不然，假设 $\angle AGH$ 不等于 $\angle GHD$。

不妨再设 $\angle AGH$ 是较大的角，此即 $\angle AGH > \angle GHD$。

于是有

$$\angle GHD + \angle BGH < \angle AGH + \angle BGH = 180°。\quad（命题\text{I}.13）$$

因此经由公设 5 可知，直线 AB、CD 延长后必会相交，此与已知矛盾。

所以，$\angle AGH = \angle GHD$。

又注意到 $\angle EGB = \angle AGH$，　　　　　　　　　　（命题 I.15）

因此经由上面已证的结论 $\angle AGH = \angle GHD$ 可知 $\angle EGB = \angle GHD$。

（公理 1）

于是，我们有

$$\angle GHD + \angle BGH = \angle EGB + \angle BGH = 180°。$$

（公理 2，命题 I.13）

这就是所要证明的（Q.E.D.）。

注释 29.1　由上面的演绎证明过程可以看到，命题 I.29 的证明除了用到公设 5、公理 1、公理 2 之外，还要用到命题 I.13、命题 I.15。或可以简洁地图示如下：

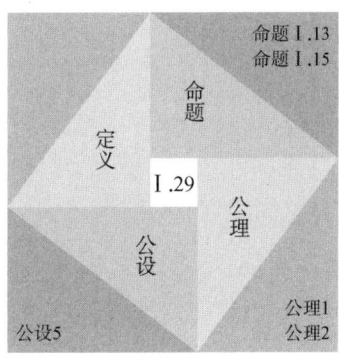

注释 29.2 命题 I.29 陈述的内容包含有 3 个部分：第一部分可谓是命题 I.27 的逆命题，第二、第三部分可谓是命题 I.28 的逆命题。此外还值得一提的是，在此命题的证明之旅中，首次出现有公设 5 的运用！

命题 I.31 通过直线外一点可以作已知直线的平行线。

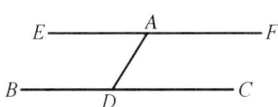

现代的数学表述：

如图，设 BC 为一给定的直线，A 为 BC 外一点，则过点 A 可以作直线平行于 BC。

证明：在 BC 上任取一点 D，连接 AD； （公设 1）

在直线 AD 上，过点 A 作角 $\angle DAE$，使得 $\angle DAE = \angle ADC$；

（命题 I.23）

则延长 EA 所得的直线 EF 即为所求。

这是因为，经由 $\angle DAE = \angle ADC$ 即可知直线 EF 平行于 BC。

（命题 I.27）

这就是所要作的（Q.E.F.）。

注释 31.1 由上面的演绎证明过程可以看到，命题 I.31 的证明除了用到公设 1 之外，还要用到命题 I.23、命题 I.27。或可以简洁地图示如下：

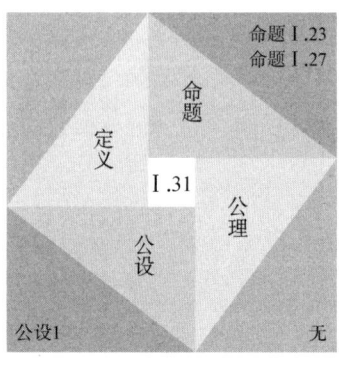

注释 31.2 在这个命题的基础上易证，满足此条件的平行线是唯一的，这一断言的证明或将依赖于公设 5。事实上，这将构成现代欧氏几何学中普莱费尔（Playfair）公理的内容：过直线外一点有且仅有一条直线与已知直线平行。而这一公理与欧几里得第 5 公设是等价的。

命题 I.32 在任何一三角形中，若延长其任意一边，则所形成的外角等于不相邻两个内角的和，且三个内角的和等于两直角（或者 180°）。

现代的数学表述（部分）：如图，设有三角形 ABC。

求证：$\angle ABC + \angle BCA + \angle CAB = 180°$。

证明：先延长三角形 ABC 的 BC 边至 D。

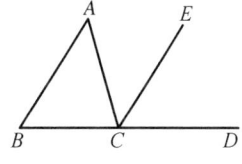

（公设 2）

过点 C 作线段 CE，使之平行于 AB。　　　　（命题 I.31）

于是，我们有 $\angle BAC = \angle ACE$（内错角相等），

$\angle ABC = \angle ECD$（同位角相等）。　　　　（命题 I.29）

因而有

$$\angle BAC + \angle ABC + \angle BCA = \angle ACE + \angle ECD + \angle BCA$$
$$= \angle ACD + \angle BCA = 180°。$$

（命题 I.13）

这就是所要证明的（Q.E.D.）。

注释 32 由上面的演绎证明过程可以看到，命题 I.32 的证明除了用到公设 2 之外，还要用到命题 I.13、命题 I.29 和命题 I.31。或可以简洁地图示如下：

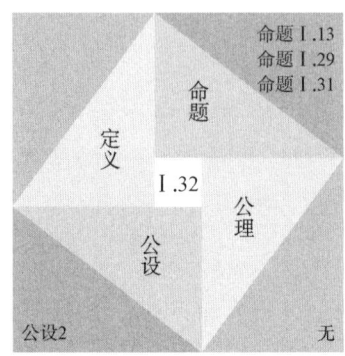

由上述的证明之旅可以看到，命题Ⅰ.32 的演绎证明将涉及 22 个命题（包括其本身）：命题Ⅰ.32，命题Ⅰ.31，命题Ⅰ.29，命题Ⅰ.27，命题Ⅰ.23，命题Ⅰ.22，命题Ⅰ.20，命题Ⅰ.19，命题Ⅰ.18，命题Ⅰ.16，命题Ⅰ.15，命题Ⅰ.13，命题Ⅰ.11，命题Ⅰ.10，命题Ⅰ.9，命题Ⅰ.8，命题Ⅰ.7，命题Ⅰ.5，命题Ⅰ.4，命题Ⅰ.3，命题Ⅰ.2，命题Ⅰ.1。

为简约起见，如若略去相关的定义、公设和公理，只关注命题演绎证明所需的那些命题的形式逻辑思维之链，或可以获得下页的逻辑图。

命题Ⅰ.32 可谓是欧氏几何学中最基本也是最重要的定理之一，其道出了三角形 3 个内角之间的一种关系。可是，在这个看似简单而奇妙的结论背后，它的数学故事可真是不简单！遵循《几何原本》的内容和思维逻辑，从一些简单的公理、定义出发，用形式逻辑的演绎法一步一步走完了证明之路。这将使得数学命题具有真理的力量！由此可以揭露各命题之间的内在联系，让几何学构成一个严密的体系，进而为数学的进一步发展创造了无限的可能！而这就是希腊数学理性精神之魅力！

第二章 形式逻辑与三角形内角和定理　　067

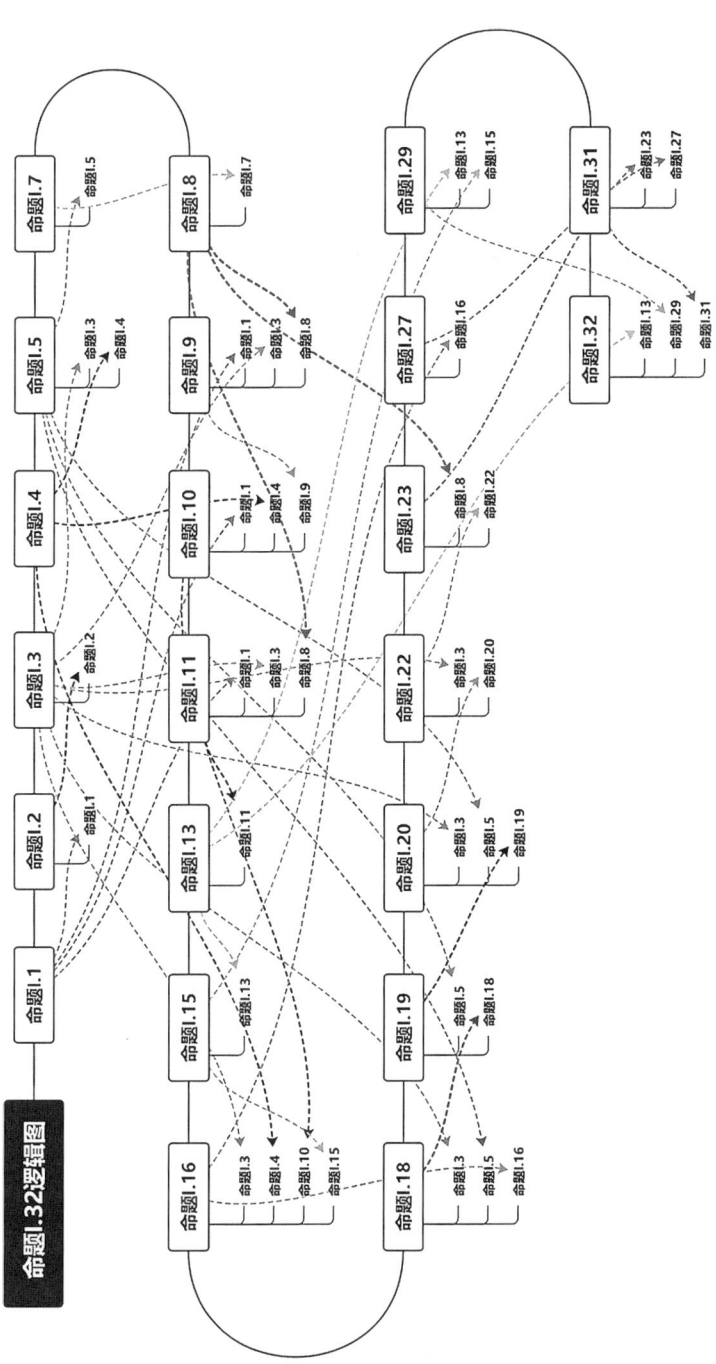

命题I.32逻辑图

思考题

1. 请将命题 I.5、命题 I.16、命题 I.20 加以分解，形成若干详细的三段论。

2. 请画出命题 I.16、命题 I.20 的逻辑思维导图。

3. 请再探索一下命题 I.13、命题 I.14 以及命题 I.15 之间的关系。

4. 请给出命题 I.26 的演绎证明。

5. 请问命题 I.32 的证明会用到公设 5 吗？为什么？

第三章

形式逻辑与毕达哥拉斯定理

在人类思想的浩瀚星空里，托马斯·霍布斯（Thomas Hobbes）的名字犹如一颗璀璨星辰，以其独特的视角和深邃的思考，为我们揭示了社会与国家产生的哲学之谜。这位17世纪的哲学巨匠与数学的邂逅，堪称是一曲传奇。

相传直到40岁时，霍布斯才接触到几何学。这一切是如此的偶然。那或是一个沉闷的午后，霍布斯在一个图书馆里闲逛，他无意间看到桌上有一部书打开着。霍布斯有点好奇地走上前去，却见书中展现的是《几何原本》卷一的第47个命题——是的，正是毕达哥拉斯定理。他看了这个命题后说，喔，上帝啊，这不可能！于是他阅读了它的证明，结果他发现这是由前面的某些命题而演绎推演出来的。于是他又阅读了前面的那些命题，发现这些命题又会依赖于更前面的命题，如此一个命题接着一个命题（倒着）看下去，最后他确信毕达哥拉斯定理是正确的，同时也爱上了几何学。

这是一个美丽的数学故事，它亦述说着演绎方法的魅力。那么，在霍布斯先生迷恋上几何学的那个午后，他到底遇见了哪些命题呢？为此，我们将步入这一章节的主题：毕达哥拉斯定理的演绎证明。

毕达哥拉斯定理的演绎证明

为了让蕴含其间的数学命题逻辑之链更加明晰，我们将参照上述霍布斯的故事之线，逆向运用"推理"，倒着看毕达哥拉斯定理以及相关命题的证明。

本章所关注的主题内容是：

命题 I.47　在直角三角形中，直角所对边上的正方形等于两直角边上的正方形之和。

这就是著名的毕达哥拉斯定理（在中国则名曰"勾股定理"）。值得一提的是，在《几何原本》一书中，所谓两图形相等，按照现代数学来说，指的是它们的面积（或者体积）相等。因此上述命题实际上指的是：

在直角三角形中，直角所对边上的正方形的面积等于两直角边上正方形的面积之和。此即是说，两直角边的平方和等于斜边的平方。

这一数学故事或可以由下面的逻辑图谈起。

和上一章节一样，为简约起见，在图里我们只关注命题演绎所需的（即前面已证的）那些命题们，而略去了相关的定义、公设和公理。

第三章　形式逻辑与毕达哥拉斯定理　071

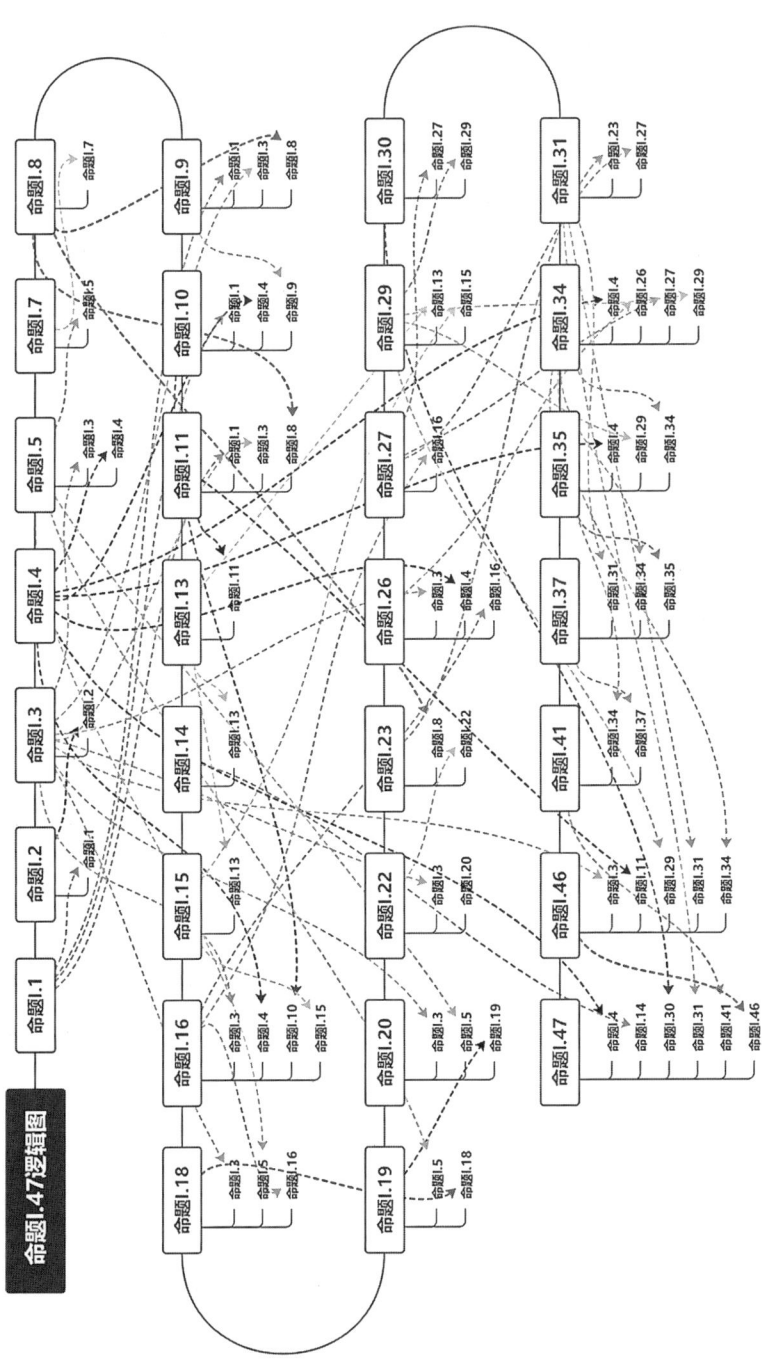

由上图可以看到，命题Ⅰ.47的演绎证明将涉及第Ⅰ卷中的30个命题（包括其本身）：命题Ⅰ.47，命题Ⅰ.46，命题Ⅰ.41，命题Ⅰ.37，命题Ⅰ.35，命题Ⅰ.34，命题Ⅰ.31，命题Ⅰ.30，命题Ⅰ.29，命题Ⅰ.27，命题Ⅰ.26，命题Ⅰ.23，命题Ⅰ.22，命题Ⅰ.20，命题Ⅰ.19，命题Ⅰ.18，命题Ⅰ.16，命题Ⅰ.15，命题Ⅰ.14，命题Ⅰ.13，命题Ⅰ.11，命题Ⅰ.10，命题Ⅰ.9，命题Ⅰ.8，命题Ⅰ.7，命题Ⅰ.5，命题Ⅰ.4，命题Ⅰ.3，命题Ⅰ.2，命题Ⅰ.1。

让我们从上述逻辑图中的最后一个命题谈起。

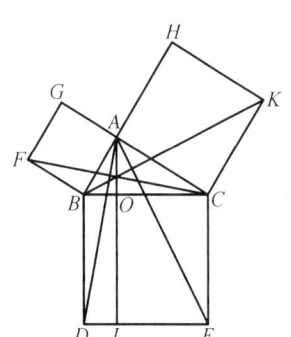

命题Ⅰ.47　在直角三角形中，直角所对边上的正方形等于两直角边上的正方形之和。

现代的数学表述：

如图，设 ABC 是直角三角形，其中 ∠BAC 是直角。

求证：$BC^2 = AB^2 + AC^2$。

证明：如图，以 BC 为边作正方形 BDEC，以 CA 为边作正方形 CAHK，以 AB 为边作正方形 BAGF。（命题Ⅰ.46）

过点 A 作 AL 平行于 BD，因此也平行于 CE。（命题Ⅰ.31、Ⅰ.30）

连接 AD 和 FC。　　　　　　　　　　　　　　（公设1）

因为 ∠BAC 和 ∠BAG 皆是直角，于是 CA 与 AG 在同一直线上。

（定义Ⅰ.22、命题Ⅰ.14）

同理，BA 也与 AH 在同一条直线上。

由于 ∠DBC = ∠FBA（它们都是直角），再将每个角都加上 ∠ABC，即可得 ∠DBA = ∠FBC。　　　　　（定义Ⅰ.22、公设4、公理2）

注意到 DB = BC，FB = BA，再加上 ∠ABD = ∠FBC，所以有

三角形 ABD 全等于三角形 FBC，且两者的面积相等。

（定义Ⅰ.22、命题Ⅰ.4）

于是，平行四边形 $BDLO$ 的面积是三角形 ABD 的面积的两倍。

（命题 I.41）

同理，正方形 $GFBA$ 的面积是三角形 FBC 的面积的两倍。

所以，平行四边形 $BDLO$ 的面积等于正方形 $GFBA$ 的面积。

（公理 1）

类似地，通过连接 AE 和 BK，即可证明，

平行四边形 $OLEC$ 的面积也等于正方形 $ACKH$ 的面积。

所以，正方形 $BDEC$ 的面积 = 两个平行四边形 $BDLO$ 和 $OLEC$ 的面积之和 = $GFBA$ 和 $ACKH$ 两个正方形的面积之和。（公理 2）

此即有 $BC^2 = AB^2 + AC^2$。这就是所要证明的（Q.E.D.）。

注释 47 由上面的演绎证明过程可以看到，命题 I.47 的证明会用到前面的 6 个命题：命题 I.46、命题 I.31、命题 I.30、命题 I.4、命题 I.41 和命题 I.14。

接下来，我们将关注命题 I.46（它出现在命题 I.47 的证明里）的演绎证明之旅。

命题 I.46 在已知线段上可以作一个正方形。

现代的数学表述：

设 AB 为已知线段，求证：可以在 AB 上作一个正方形。

证明：过点 A 作 AC 垂直于 AB，（命题 I.11）

在其上取点 D，使得 $AD = AB$，（命题 I.3）

再过点 D 作 DE 平行于 AB，过点 B 作 BE 平行于 AD。（命题 I.31）

于是，$ADEB$ 是平行四边形。

所以，$AB = DE$，$AD = BE$。（命题 I.34）

再注意到已有 $AD = AB$，因此 BA、AD、DE、EB 相互相等，平行四边形 $ADEB$ 是等边的。

往证：它也是直角形。

这是因为，线段 AD 与平行线 AB 和 DE 相交，所以

∠BAD 与 ∠ADE 之和等于两个直角。　　　　　　　（命题Ⅰ.29）

又，在平行四边形中，对边和对角相互相等，所以有

对角 ∠ABE 和 ∠BED 也是直角。　　　　　　　　（命题Ⅰ.34）

所以，ADEB 是直角图形。

经由上，ABED 是所求的正方形。

此即是说，已知一条线段，可以以此为边作一个正方形（Q.E.F.）。

由上面的演绎证明过程可以看到，命题Ⅰ.46 的证明会用到前面的命题Ⅰ.3、命题Ⅰ.11、命题Ⅰ.31、命题Ⅰ.34 和命题Ⅰ.29。

接下来，我们将关注命题Ⅰ.41（它出现在命题Ⅰ.47 的证明里）的演绎证明之旅。

命题Ⅰ.41　如果一个平行四边形与一个三角形同底，且在相同的二平行线之间。那么这个平行四边形是这个三角形的两倍。

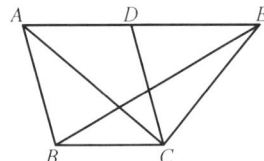

现代的数学表述：

如图，设平行四边形 ABCD 与三角形 EBC 有同底边 BC，且在两平行线 BC、AE 之间。

求证：平行四边形 ABCD 的面积是三角形 BEC 的面积的两倍。

证明：连接 AC。　　　　　　　　　　　　　　　　（公设 1）

于是，三角形 ABC 的面积等于三角形 EBC 的面积（这是因为，它们有相同的底边 BC，且同在两平行线 BC，AE 之间）。　　　（命题Ⅰ.37）

再加上平行四边形 ABCD 的面积是三角形 ABC 的面积的两倍（这是因为，对角线 AC 平分 ABCD）。　　　　　　　　　　　　（命题Ⅰ.34）

于是，平行四边形 ABCD 的面积也是三角形 EBC 的面积的两倍（Q.E.D.）。

注释 41 由上面的演绎证明过程可以看到，命题 I.41 的证明会用到前面的命题 I.37 和命题 I.34。

接下来，我们将关注命题 I.37（它出现在命题 I.41 的证明里）的演绎证明之旅。

命题 I.37 同底且在相同的平行线之间的三角形彼此相等。

现代的数学表述：

如图，设三角形 ABC 和三角形 DBC 有相同的底边 BC，且在相同的平行线段 AD、BC 之间。

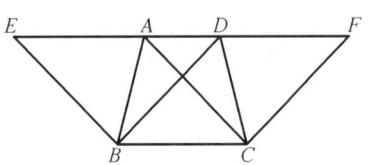

求证：三角形 ABC 与三角形 DBC 面积相等。

证明：在两个方向上延长 AD 至 E 和 F，　　　　　　（公设 2）

过 B 作 BE 平行于 CA，过 C 作 CF 平行于 BD。　　（命题 I.31）

因为 EBCA、DBCF 都是平行四边形，且有共同的边 BC，以及在两平行线 BC、EF 之间，因此它们的面积相等。　　（命题 I.35）

又由于 AB 是平行四边形 EBCA 的对角线，

因此三角形 ABC 是平行四边形 EBCA 的一半。　　（命题 I.34）

同理，由于 DC 是平行四边形 DBCF 对角线，可知三角形 DBC 是平行四边形 DBCF 的一半。　　　　　　　　　　　　　（命题 I.34）

所以，三角形 ABC 的面积等于三角形 DBC 的面积（Q.E.D.）。

注释 37 由上面的演绎证明过程可以看到，命题 I.37 的证明会用到前面的命题 I.31、命题 I.35 和命题 I.34。

接下来，我们将关注命题 I.35（它出现在命题 I.37 的证明里）的演绎证明之旅。

命题 I.35 同底且在相同的二平行线之间的平行四边形彼此相等。

现代的数学表述：

设 ABCD、EBCF 是两平行四边形，它们有共同的底边 BC，且在两

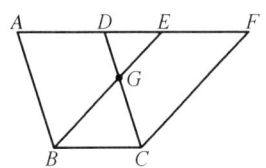

平行线 AF、BC 之间。

求证：平行四边形 ABCD 的面积等于平行四边形 EBCF 的面积。

证明：因为 ABCD 是平行四边形，所以 AD = BC。　　　　　　　　　　　　（命题Ⅰ.34）

同理可得 EF = BC。

所以，AD = EF。　　　　　　　　　　　　（公理1）

又，注意到 DE 是共用边，所以有 AE = DF。　（公理2）

而经由 ABCD 是平行四边形可知 AB = DC。　（命题Ⅰ.34）

再加上 ∠EAB = ∠FDC（两直线平行，其同位角相等），（命题Ⅰ.29）

所以，三角形 EAB 全等于三角形 FDC，且两者面积相等；（命题Ⅰ.4）

若将这两个三角形减去公共的三角形 DGE，即可知余下的梯形 ABGD 的面积等于余下的梯形 EGCF 的面积。　（公理3）

然后再加上共同的三角形 GBC，即可得

平行四边形 ABCD 的面积等于平行四边形 EBCF 的面积。（公理2）

注释35　由上面的演绎证明过程可以看到，命题Ⅰ.35 的证明会用到前面的命题Ⅰ.34、命题Ⅰ.4 和命题Ⅰ.29。

接下来，我们将关注命题Ⅰ.34（它出现在命题Ⅰ.46、命题Ⅰ.41、命题Ⅰ.37 以及命题Ⅰ.35 的证明里）的演绎证明之旅。

命题Ⅰ.34　在平行四边形中，对边相等，对角相等，且对角线平分该四边形。

现代的数学表述：

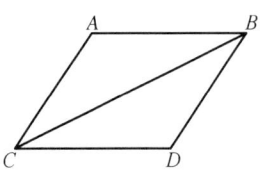

如图，设 ACDB 是平行四边形，BC 为其对角线。

求证：平行四边形 ACDB 的对边相等，对角相等，且对角线平分此四边形。

证明：因为 AB 平行于 CD，线段 BC 与 AB 相交，因此有 ∠ABC = ∠BCD。（命题 I.29）

同理，经由 AC 平行于 BD，可知其形成的内错角相等：∠ACB = ∠CBD。（命题 I.29）

再加上 CB = BC，所以三角形 ABC 和三角形 DCB 全等。

（命题 I.26）

因此，AB = CD，AC = BD，∠BAC = ∠CDB。

而经由 ∠ACB = ∠CBD，∠BCD = ∠ABC 可知 ∠ACD = ∠ABD。

（公理 2）

再加上 AB = CD，AC = BD 即可证明，

若连接 AD，则三角形 ACD 全等于三角形 DAB。（命题 I.4）

所以，平行四边形对应边与对应角相等，且对角线平分此四边形（Q.E.D.）。

注释 34　由上面的演绎证明过程可以看到，命题 I.34 的证明会用到前面的命题 I.29、命题 I.26 和命题 I.4。

接下来，我们将关注命题 I.31（它出现在命题 I.47、命题 I.46 以及命题 I.37 的证明里）的演绎证明之旅。

命题 I.31　通过直线外一点可以作已知直线的平行线。

证明见第二章。

注释 31　命题 I.31 的证明用到前面的 2 个命题：命题 I.23 和命题 I.27。

接下来，我们将关注命题 I.30（它出现在命题 I.47 的证明里）。

命题 I.30　平行于同一直线的直线也彼此平行。

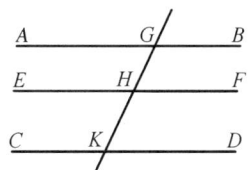

现代的数学表述：

如图，设直线 AB、CD 中的每一条都平行

于 EF，则 AB 也平行于 CD。

证明：设直线 GK 与它们相交。

于是，由于直线 GK 与平行直线 AB、EF 都相交，所以
$$\angle AGK = \angle GHF。 \quad (命题 \mathrm{I}.29)$$

又，由于直线 GK 与平行直线 EF、CD 都相交，所以有
$$\angle GHF = \angle GKD。 \quad (命题 \mathrm{I}.29)$$

于是 $\angle AGK = \angle GKD$。　　　　　　　　　　（公理1）

因此 AB 平行于 CD（内错角相等，两直线平行）。（命题 I.27）

这就是所要证明的（Q.E.D.）。

注释 30　由上面的演绎证明过程可以看到，命题 I.30 的证明用到前面的命题 I.29 和命题 I.27。

接下来，我们将关注命题 I.29（它出现在命题 I.46、命题 I.35、命题 I.34 以及命题 I.30 的证明里）。

命题 I.29　一条直线与两条平行线相交，所形成的内错角相等，同位角相等，同旁内角互补。

证明见第二章。

注释 29　命题 I.29 的证明用到前面的 2 个命题：命题 I.13 和命题 I.15。

接下来，将会是命题 I.27（它出现在命题 I.34、命题 I.31 以及命题 I.30 的证明里）。

命题 I.27　如果一条直线与另两条直线相交，所形成的内错角相等，那么这两条直线平行。

证明见第二章。

注释 27　命题 I.27 的证明用到前面的命题 I.16。

接下来，将会是命题 I.26（它出现在命题 I.34 的证明里）的演绎证明之旅。

命题 I.26 两个三角形如有两个角和一条边对应相等，那么其余的对应边和角都相等。

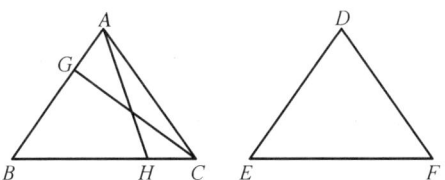

现代的数学表述：

设三角形 ABC、三角形 DEF 有两个角和一条边相等，比如 ∠ABC、∠BCA 分别与 ∠DEF、∠EFD 对应相等。另有一条对应边相等，即 BC 等于 EF 或者 AB = DE。

求证：其余的对应边和角都相等，即 AB = DE，AC = DF，∠BAC = ∠EDF。

证明（用反证法）：

若不然，假设 AB 不等于 DE。不妨假定 AB > DE，

则可在其上截取 BG = DE。（命题 I.3）

连接 GC。（公设 1）

那么，由 BG = DE，BC = EF，∠GBC = ∠DEF 可知，

GC = DF，三角形 GBC 全等于三角形 DEF。（命题 I.4）

于是有 ∠GCB = ∠DFE。再经由公理 5 可知 ∠GCB < ∠BCA。

故有 ∠DFE < ∠BCA。这与已知 ∠DFE = ∠BCA 矛盾。

所以 AB = DE。

再由上可知，三角形 ABC 全等于三角形 DEF，其余的对应边和角都相等。（命题 I.4）

类似可证，已知是 AB = DE 的情形（其中除了用到命题 I.4，或将还用到命题 I.16）。

这就是所要证明的（Q.E.D.）。

注释 26　命题 I.26 的证明用到前面的命题 I.4 和命题 I.16。

接下来,将会是命题 I.23(它出现在命题 I.31 的证明里)。

命题 I.23　已知一条直线和其上一点,可以作一个角等于已知角。

证明见第二章。

注释 23　命题 I.23 的证明用到前面的命题 I.22、命题 I.20 和命题 I.8。

接下来,将会是命题 I.22(它出现在命题 I.23 的证明里)。

命题 I.22　若用 3 条线段作三角形,那么这 3 条线段必须满足于任意两条的和大于第三条的条件。

证明见第二章。

注释 22　这一命题的证明除了显式地用到了命题 I.3,还隐藏有命题 I.20 的运用。

接下来,将会是命题 I.20(它隐藏在命题 I.22、命题 I.23 的证明里)。

命题 I.20　在三角形中,任意两边之和大于其余一边。

证明见第二章。

注释 20　由上面的演绎证明过程可以看到,命题 I.20 的证明用到前面的命题 I.3、命题 I.5 和命题 I.19。

接下来,将会是命题 I.19(它出现在命题 I.20 的证明里)。

命题 I.19　在任意三角形中,大角对大边。

证明见第二章。

注释 19　命题 I.19 的证明用到前面的命题 I.5 和命题 I.18。

接下来,将会是命题 I.18(它出现在命题 I.19 的证明里)。

命题 I.18　在任意三角形中,大边对大角。

证明见第二章。

注释 18　命题 I.18 的证明用到前面的命题 I.16 和命题 I.5。

接下来,将会是命题 I.16(它出现在命题 I.27 以及命题 I.18 的证明里）。

命题Ⅰ.16　在任意三角形中，若延长一边，则其外角大于任何不相邻的一个内角。

证明见第二章。

注释16　命题Ⅰ.16的证明用到前面的命题Ⅰ.10、命题Ⅰ.3、命题Ⅰ.4、命题Ⅰ.15。

接下来，将会是命题Ⅰ.15（它出现在命题Ⅰ.29以及命题Ⅰ.16的证明里）。

命题Ⅰ.15　两条直线相交，对顶角相等。

证明见第二章。

注释15　命题Ⅰ.15的证明用到前面的命题Ⅰ.13。

接下来，将会是命题Ⅰ.14（它出现在命题Ⅰ.47的证明里）的演绎证明之旅。

命题Ⅰ.14　两条不在一边的射线过任意直线上的一点，所构成的邻角若等于两个直角的和，那么这两条射线构成一条直线。

现代的数学表述：

如图，设 AB 为任意射线，B 是射线的端点，两条射线 BC、BD 不在一边，构成邻角 $\angle ABC$、$\angle ABD$，其和为两个直角。

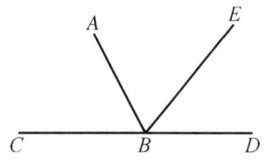

求证：BD 与 CB 在同一条直线上。

证明：用反证法。若不然，假设 BD 与 BC 不在同一直线上，而 BE 才与 CB 在同一直线上。

因为射线 AB 位于直线 CBE 上。

那么 $\angle ABC$、$\angle ABE$ 的和就等于两个直角，　　　（命题Ⅰ.13）

而由已知，$\angle ABC$、$\angle ABD$ 的和也等于两个直角，于是

$$\angle CBA + \angle ABE = \angle CBA + \angle ABD。（公设4，公理1）$$

因此 ∠ABE = ∠ABD。 （公理3）

而这显然是不可能的（小角等于大角）。

所以假设不能成立。

因此有 CB 与 BD 在同一直线上。

这就是所要证明的（Q.E.D.）。

注释14 由上面的演绎证明过程可以看到，命题Ⅰ.14 的证明用到前面的命题Ⅰ.13。

接下来，将会是命题Ⅰ.13（它出现在命题Ⅰ.32、命题Ⅰ.29、命题Ⅰ.15 以及命题Ⅰ.14 的证明里）。

命题Ⅰ.13 两条直线相交，邻角是两个直角或者相加等于两直角。

证明见第二章。

注释13 由上面的演绎证明过程可以看到，命题Ⅰ.13 的证明用到前面的命题Ⅰ.11。

接下来，将会是命题Ⅰ.11（它出现在命题Ⅰ.46 以及命题Ⅰ.13 的证明里）。

命题Ⅰ.11 由已知直线上一点可以作一直线与已知直线垂直。

证明见第二章。

注释11 命题Ⅰ.11 的证明用到前面的命题Ⅰ.1、命题Ⅰ.3 和命题Ⅰ.8。

接下来，将会是命题Ⅰ.10（它出现在命题Ⅰ.16 的证明里）。

命题Ⅰ.10 一条线段可以被分成两条相等的线段。

证明见第二章。

注释10 命题Ⅰ.10 的证明用到前面的命题Ⅰ.1、命题Ⅰ.4 和命题Ⅰ.9。

接下来，将会是命题Ⅰ.9（它出现在命题Ⅰ.10 的证明里）。

命题Ⅰ.9 一个角可以被平分为两个相等的角。

证明见第二章。

注释 9　命题 I.9 的证明用到前面的命题 I.1、命题 I.3 和命题 I.8。

接下来，将会是命题 I.8（它出现在命题 I.23 以及命题 I.9 的证明里）。

命题 I.8　如果两个三角形有三边对应相等，那么这两个三角形的所有对应角亦相等。

证明见第二章。

注释 8　命题 I.8 的证明用到前面的命题 I.7。

接下来，将会是命题 I.7（它出现在命题 I.8 的证明里）。

命题 I.7　在已知线段上（从它的两端点）引出两条线段交于一点，那么，在同一侧不可能有相交于另一点的另外两条线段，分别等于前两条线段，即每个交点到相同端点的线段相等。

证明见第二章。

注释 7　命题 I.7 的证明用到前面的命题 I.5。

接下来，将会是命题 I.5（它出现在命题 I.20、命题 I.19、命题 I.18 以及命题 I.7 的证明里）。

命题 I.5　等腰三角形的两底角相等，若将其腰延长，则与底边形成的两个补角亦相等。

证明见第二章。

注释 5　命题 I.5 的证明用到前面的命题 I.3 和命题 I.4。

接下来，将会是命题 I.4（它出现在命题 I.47、命题 I.35、命题 I.34、命题 I.26、命题 I.16、命题 I.10 以及命题 I.5 的证明里）的演绎证明之旅。

命题 I.4　如果在两个三角形中，有两条对应边及夹角相等，那么其第三边亦相等，两个三角形亦全等，其余的两对应角亦相等。

证明见第二章。

注释 4　命题 I.4 的证明并没有直接用到前面的命题。

接下来，将会是命题 I.3（它出现在命题 I.46、命题 I.26、命题 I.22、命题 I.20、命题 I.18、命题 I.16、命题 I.11、命题 I.9 以及命题 I.5 的证明里）的演绎证明之旅。

命题 I.3　已知两条不相等的线段，可以在较长的线段上截取一条线段等于较短的线段。

证明见第二章。

注释 3　命题 I.3 的证明用到前面的命题 I.2。

接下来，将会是命题 I.2（它出现在命题 I.3 的证明里）。

命题 I.2　由一个已知点（作为端点）可以作一线段等于已知线段。

证明见第二章。

注释 2　命题 I.2 的证明用到前面的命题 I.1。

最后迎来的是命题 I.1（它出现在命题 I.11、命题 I.10、命题 I.19 以及命题 I.2 的证明里）。

命题 I.1　在已知的一有限线段上可以作一个等边三角形。

证明见第二章。

注释 1　作为《几何原本》最初的命题，命题 I 的证明没有用到其他的命题。

因此若回溯而上，我们也就完成了命题 I.47 的演绎证明。

勾股定理及其中古证明

毕达哥拉斯定理在中国被称为"勾股定理"，它的数学故事，或可以追溯到距今约 3 000 前的西周年间（前 1027—前 771）。

在《周髀算经》卷上的开篇，记载有古代中国的两位先哲——周公与商高讨论勾股测量问题的对话：

昔者周公问于商高曰:"窃闻乎大夫善数也。请问古者包牺立周天历度。夫天不可阶而升,地不可将尺寸而度,请问数安从出?"

商高曰:"数之法出于圆方,圆出于方,方出于矩,矩出于九九八十一。故折矩,以为勾广三,股修四,径隅五。既方之,外半其一矩,环而共盘,得成三四五。两矩共长二十有五,是谓积矩。故禹之所以治天下者,此数之所生也。"

上文中商高在回答周公之问时,提到的"勾广三,股修四,径隅五",即是勾股定理的特例。而书中另一处叙述周公后人荣方与陈子的对话中,则包含有勾股定理的一般形式:

……以日下为勾,日高为股,勾股各自乘,并而开方除之,得邪至日。

公元3世纪,三国时期的数学家和天文学家赵爽在注释《周髀算经》中撰《勾股圆方图注》,其中他这样写道:

勾、股各自乘,并之为弦实。开方除之,即弦。按弦图,又可以勾、股相乘为朱实二,倍之,为朱实四。以勾股之差自相乘,为中黄实。加差实,亦成弦实。

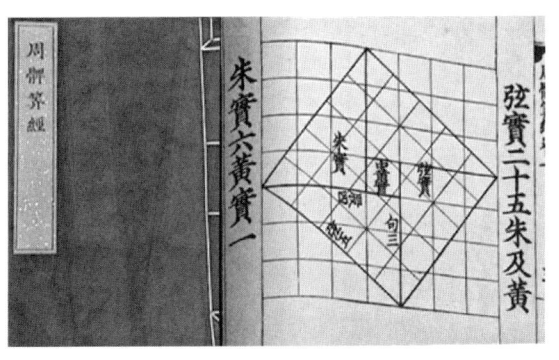

赵爽注《周髀算经》时给出的弦图

在这里,他巧妙地将4个全等的直角三角形拼成一个大的正方形,中间留出一个小正方形的空格,这就是"勾股圆方图"(现则以"弦图"著称)。经由此,我们可给出如下的证明:

将相同的4个红色(即深色)勾股形和一个边长为勾股之差的黄色(即浅色)正方形拼合成两个分别以勾和股为边长的正方形。然后移动其中两个勾股形,将原图另拼为以弦为边长的正方形。由于前后两图的面积不变,因此证明了勾股定理(如下图所示)。

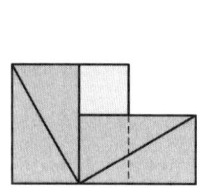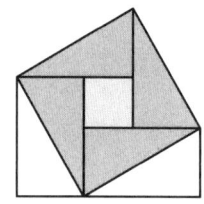

赵爽的证明

上图中,若记直角三角形(即勾股形)的三边勾、股、弦分别为 a、b、c,则注文中谈及一个朱实是 $\frac{1}{2}ab$,4个朱实即是 $2ab$,而黄实是 $(b-a)^2$,经由图注可知,有

$$2ab + (b-a)^2 = c^2,$$

将上式左边加以简化,即有

$$a^2 + b^2 = c^2。$$

这就完成了勾股定理的证明。

赵爽的这个证明可谓是匠心独具,极富有创新意识。他巧妙地将几何图形进行适当的分割,再运用移、补、拼、凑等方式创造出新的图形,进而经由前后两幅图形的面积不变性质来建构代数式之间的恒等关系(此即"出入相补原理"),既具有严密性,又具有直观性,为中国古代数学以形证数、形数统一、代数和几何紧密结合、互不可分的独特风格树立了一大典范。其后有不少中国学者继承了这一思想的先导，创造出许多勾股定理的新证明。

此外还值得一提的是，2002 年在北京召开的第 24 届国际数学家大会的会徽，其中的设计图案即以赵爽的弦图为原型。它在彰显中国古代数学辉煌成就的同时，像一只转动着的风车，热烈欢迎来自世界各地的数学家们。

由上述内容可以看到，中西方学者关于毕达哥拉斯定理（勾股定理）的证明呈现有不同的特点，如果说《几何原本》中的证明

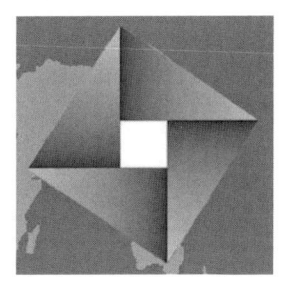

2002 年北京国际数学家大会会徽

推理严谨，重在演绎（其逻辑起点是 5 条公设和 5 条公理以及一些概念）；那么勾股定理的中古证明通俗易懂，重在应用（其逻辑起点是矩形和直角三角形的面积公式以及"出入相补原理"）。两者的不同也折射出古代中国和古希腊两种不同风格的数学文化。古希腊人崇尚理性精神，注重逻辑思维的培养，因此形成的代表作《几何原本》重在命题演绎证明的公理化体系之构建，它以思辨性和逻辑性为特征。而在古代中国，人们注重的则是它在现实生活中的应用，因此以《九章算术》为代表的中国古代数学具有程序化、以算法为中心的特征。

千百年来，中西方的数学以及文化之间交相辉映，互动前行，都对近代数学和人类文明的发展产生过重要的影响。因此，我们不应只看到一方之长处或只看到一方之短处，也不应只顾一比高下数谁第一，更不应只顾缅怀往昔辉煌成就而忘却了世界文化是在不断前进的。回眸历史，更重要的——当是从先哲的长处中汲取智慧，从他们的短处中吸取教训和经验，无论古今中外，都当如此。诚如英国学者李约瑟博士所说的，东西方的共同努力，必将产生一个辉煌的世界文化。

毕达哥拉斯定理证明赏析

毕达哥拉斯定理被认为是欧氏几何学所有定理中最具魅力的定理之一，千百年来，吸引着无数人来探寻其中的奥秘。时至今日，人们已知道它有逾 370 种证明方法，这其中有些证明简单得令人惊叹，有些证明却异常的复杂。

接下来，我们将再分享 10 种富有创意的证明。

《几何原本》中的第二种方法

在《几何原本》的第Ⅵ卷中，包含毕达哥拉斯定理的另一种证明。事实上，这一卷的命题 31 表明命题 Ⅰ.47 中的正方形可以被任何相似形所替代。

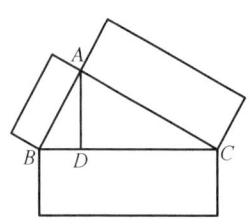

命题 Ⅵ.31 在直角三角形中，直角所对边上的图形等于两直角边上相似且有相似位置的图形之和。

证明：为简单起见，我们只关注图形是正方形的情形，此即

$$BC^2 = AB^2 + AC^2。$$

过点 A 作 AD 垂直 BC 于 D。

则三角形 ABD、ADC 既与三角形 ABC 相似，也彼此相似。

因此有

$$\frac{S_{\triangle ABD}}{S_{\triangle ABC}} = \left(\frac{AB}{BC}\right)^2 = \frac{AB^2}{BC^2}, \quad \frac{S_{\triangle ACD}}{S_{\triangle ABC}} = \left(\frac{AC}{BC}\right)^2 = \frac{AC^2}{BC^2},$$

于是有

$$\frac{S_{\triangle ABD} + S_{\triangle ACD}}{S_{\triangle ABC}} = \frac{AB^2 + AC^2}{BC^2},$$

注意到 $S_{\triangle ABD} + S_{\triangle ACD} = S_{\triangle ABC}$，因此有

$$BC^2 = AB^2 + AC^2。$$

此证明的详细展开将会涉及《几何原本》第Ⅴ卷、第Ⅵ卷的诸多命题，特别是第Ⅴ卷的内容主题——比例理论。

缘自刘徽的证明

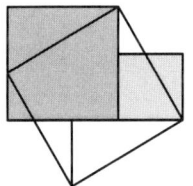 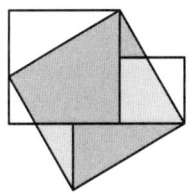

设想将两个边长分别为 a、b 的正方形如上左图放置，再按照图中的构形加以剖分，再组合得到上图右边的图形。经由出入相补原理，在此过程中，面积是不变的。因此即可得到毕达哥拉斯定理——也就是勾股定理的一种新证明。这一奇妙的证明方法隶属于魏晋时期数学家刘徽。

作为托勒密定理的一个特例

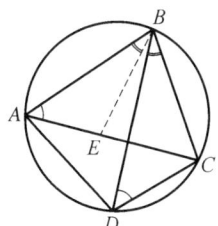 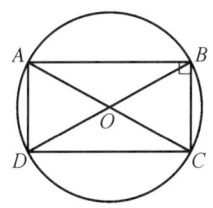

如上图左，设 $ABCD$ 是一个圆内接四边形，则有

$$AB \times CD + AD \times BC = AC \times BD。$$

这即是说，对于一个圆内接四边形，两组对边的乘积之和等于对角线的乘积。

这一结论以一位著名的古希腊数学家克劳迪斯·托勒密（Claudius Ptolemaeus）的名字命名——叫作"托勒密定理"。

为了证明这一定理，通过构造 $\angle ABE = \angle DBC$，即可有

三角形 ABE 相似于三角形 DBC，

进而有 $AB \times CD = AE \times BD$。

再经由三角形 ABD 相似于三角形 EBC 可知有 $AD \times BC = EC \times BD$。两式相加，即可得到托勒密定理的证明。

作为托勒密定理的一种特殊情形，当 $ABCD$ 是一个矩形时，即可获得毕达哥拉斯定理。

达·芬奇的证明

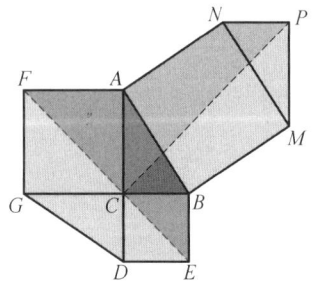

达·芬奇的证明

相传这是一个缘自欧洲文艺复兴时期的艺术大师达·芬奇的证明：

以最初的直角三角形 ABC 的三边为基石构建正方形 $ACGF$、$BCDE$ 和 $ABMN$。再在正方形 $ABMN$ 上构建三角形 PMN，它是由原三角形 ABC 旋转 $180°$ 得到的。

现在让我们关注六角形 $ABEDGF$（它被 EF 分为两部分）和六角形 $ACBMPN$（它被 CP 分为两部分），可以证明这两者具有相同的面积！

若在前者和后者中各减去具有相同面积的两个三角形 ABC 和 GDC 以及两个三角形 ABC 和 PMN，即有 $S_{\square ACGF} + S_{\square BCDE} = S_{\square ABMN}$，也即

$AC^2 + BC^2 = AB^2$。

外接圆的运用

经由最初的直角三角形 OPC 构建形如右的图形，其中以 O 为圆心，斜边 OC 为半径作圆，与两直角边的延长线交于 A, B, D 三点。

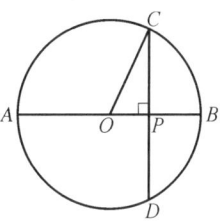

由相交弦定理可知，$PA \times PB = PC \times PD$。

注意到 $PD = PC$，$PA = OP + AO = OP + OC$，$PB = OB - OP = OC - OP$，即有

$OC^2 - OP^2 = PC^2$，此即 $OC^2 = OP^2 + PC^2$。

李善兰的勾股定理证明

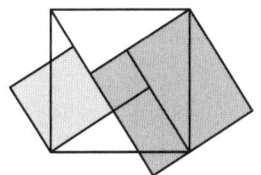 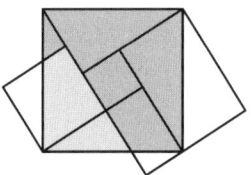

如上图，经由上图左的剖分以及上图右的再组合，应用出入相补原理，即可得到毕达哥拉斯定理又一种新的中国证明。这一方法属于清代数学家李善兰。

内接圆的应用

由最初的直角三角形 ABC 构建形如右的图形，其中 O 为三角形内切圆的圆心。

现在通过两种方式来计算三角形 ABC 的面积：

其中的一种方式是：

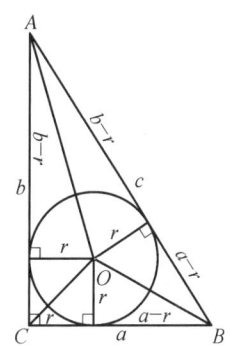

$$S_{\triangle ABC} = \frac{1}{2}ab,$$

另一种方法则借助于内切圆实现:

$$S_{\triangle ABC} = S_{\triangle OAB} + S_{\triangle OBC} + S_{\triangle OAC} = \frac{1}{2}rc + \frac{1}{2}ra + \frac{1}{2}rb,$$

注意到 $r = \frac{a+b-c}{2}$,上式可化简为

$$S_{\triangle ABC} = \frac{1}{2}rc + \frac{1}{2}ra + \frac{1}{2}rb = \frac{1}{4}[(a+b)^2 - c^2],$$

因此,我们有

$$\frac{1}{2}ab = \frac{1}{4}[(a+b)^2 - c^2],$$

化简之后,即可得到毕达哥拉斯定理。

来自一位总统的证明

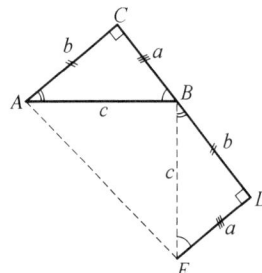

如图,以最初的直角三角形 ABC 为基石构建得到一个梯形 $ACDE$。

现在以两种方式来计算梯形 $ACDE$ 的面积,即有

$$\frac{(a+b)}{2} \times (a+b) = \frac{1}{2}c^2 + 2\left(\frac{ab}{2}\right)$$

化简后,即有 $a^2 + b^2 + c^2$。

相传这个证明是由第二十任美国总统詹姆斯-加菲尔德有一次和朋友进行数学讨论中偶然发现的。

一名中学生的证明

如后图,以最初的直角三角形 ABC 为基石构建得到形如下页上的

图形，其中 P 为 AB 的中点。

易见 $AP = PC$，$PR \perp DF$。

于是，可知有

$$\frac{S_{\triangle PDC} + S_{\triangle PFC}}{S_{\triangle PAI}} = \frac{DR + RF}{AI} = \frac{DF}{AI} = 1$$

再注意到 $S_{\triangle PDC} = \frac{1}{4}S_{\square ACDE}$，$S_{\triangle PFC} = \frac{1}{4}S_{\square BCFG}$，$S_{\triangle PAI} = \frac{1}{4}S_{\square ABHI}$，因此有

$$\frac{S_{\square ACDE} + S_{\square BCFG}}{S_{\square ABHI}} = 1,$$

此即 $S_{\square ACDE} + S_{\square BCFG} = S_{\square ABHI}$。

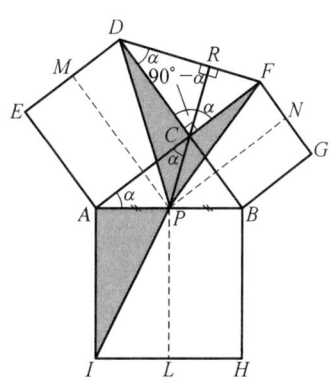

安·康迪的证明

这就是毕达哥拉斯定理。

这一巧妙的证明是由一位名叫安·康迪（Ann Condit）的高中女生给出的，当时的她生活在 20 世纪 30 年代，那年她 16 岁。

旋转之妙用

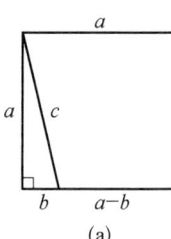
(a)

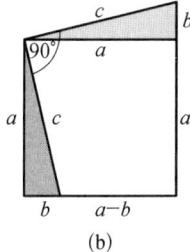
(b)

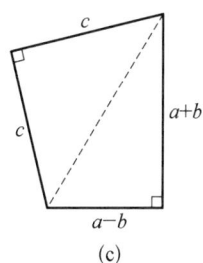
(c)

这里有一个非常现代的证明。经由最初的直角三角形 ABC 构造出上图左，再逆时针旋转 $90°$ 得到上图右。注意到在此过程中，图形的面积是保持不变的。

通过观察和计算上图左和上图右的面积，即可知

$$a^2 = \frac{1}{2}c^2 + \frac{1}{2}(a+b)(a-b)$$

化简得 $a^2 + b^2 = c^2$。

思考题

1. 请按照《几何原本》一书中的顺序，简单陈述命题 I.47 的数学证明故事。

2. 请进一步关注和思考《几何原本》的命题 VI.31 的演绎证明之旅，说说你有什么样的收获和启迪？

3. 试比较出现在本章的各种证明方法。

4. 请问你还知道哪些中国数学家关于勾股定理的证明呢？或可以此为主题并加以拓展，完成数学小论文一篇。

5. 借助于《几何原本》的哲思来证明三角形内角和定理与毕达哥拉斯定理的等价性。

第四章

形式逻辑与尺规作图

有如在第一章提到的,尺规作图的规定或来自古希腊的柏拉图学派。他们相信,经由直线和圆可以构绘出其他有趣的几何图形。其中圆内接正多边形的尺规作图是希腊数学家们所热衷的一类主题,相关的一部分内容构成《几何原本》第Ⅳ卷的主要内容。

这一章节的主题是形式逻辑与尺规作图,所关注和展示的内容是《几何原本》第Ⅳ卷的命题2、命题6以及命题11。这些命题将涉及圆内接正三角形、圆内接正方形以及圆内接正五边形的尺规作图。

圆内接正三角形的尺规作图

我们先来看命题Ⅳ.2的内容呈现。

命题Ⅳ.2 给定一个三角形,可作圆内接相似三角形。

此命题给出了非常一般的结论,即对于任意给定的三角形和圆,都可以通过尺规作图来得到一个圆内接三角形,使得它与已知的三角形

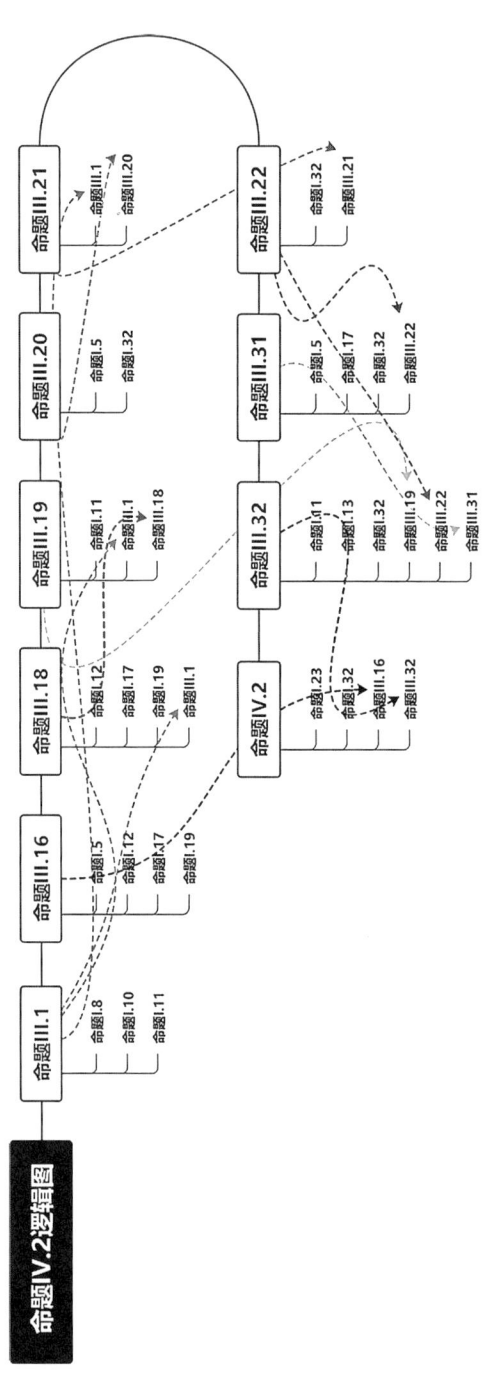

是相似的。特别的，若最初给定的三角形是等边的，即可作出符合要求的正三角形。

我们将遵循上一章的思路，以倒叙的逻辑模式来推进命题Ⅳ.2 的演绎证明，为此让我们由上一页的逻辑图谈起。

由上图可以看到，除了《几何原本》第Ⅰ卷中的命题外，命题Ⅳ.2 的演绎证明还将涉及第Ⅲ卷、第Ⅳ卷中的 10 个命题（包括其本身）：命题Ⅳ.2，命题Ⅲ.32，命题Ⅲ.31，命题Ⅲ.22，命题Ⅲ.21，命题Ⅲ.20，命题Ⅲ.19，命题Ⅲ.18，命题Ⅲ.16，命题Ⅲ.1。

下面将借助于上述的形式逻辑导图来回溯命题Ⅳ.2 的演绎证明。

命题Ⅳ.2 给定一个三角形，可作圆内接相似三角形。

现代的数学表述：

如图，设 ABC 为给定的圆，DEF 为给定的三角形，则在圆 ABC 内可以作一个与三角形 DEF 等角（即相似）的三角形。

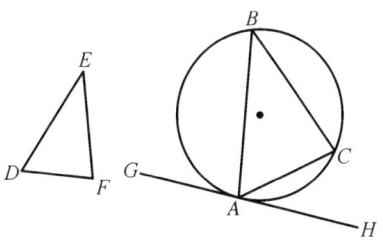

证明：作 GH 与圆 ABC 相切于 A 点；（命题Ⅲ.16）

作弦 AC，使 $\angle HAC = \angle DEF$。再作弦 AB，使 $\angle GAB = \angle DFE$。

（命题Ⅰ.23）

连接 BC。（公设 1）

于是有 $\angle HAC = \angle ABC$，（命题Ⅲ.32）

而 $\angle HAC = \angle DEF$，所以 $\angle ABC = \angle DEF$。（公理 1）

类似地，可证：$\angle ACB = \angle DFE$。

因此经由三角形内角和定理知：$\angle BAC = \angle EDF$。

（命题Ⅰ.32，公理 3）

所以，给定一个三角形，可在圆内作一个相似三角形。

这就是所要作的（Q.E.F.）。

注释 2 由上面的证明过程可以看到,命题Ⅳ.2 的演绎证明除了会用到第Ⅰ卷的公设 1、公理 1、公理 3 以及命题Ⅰ.23、命题Ⅰ.32 之外,还会用到第Ⅲ卷的命题Ⅲ.16 和命题Ⅲ.32。

接下来,我们将关注命题Ⅲ.32(它出现在命题Ⅳ.2 的证明里)的演绎证明之旅。

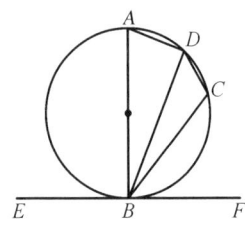

命题Ⅲ.32 弦切角等于所夹弧所对应的圆周角。

现代的数学表述:

如图,设直线 EF 切圆 ABCD 于 B 点,从切点 B 作圆的弦 BD,

求证:∠FBD = ∠BAD,∠EBD = ∠DCB。

证明:从 B 点作 BA 垂直于 EF, (命题Ⅰ.11)

在圆弧 $\overarc{BD}$ 上任取一点 C,连接 AD、DC 和 CB。 (公设 1)

经由上可知,圆 ABCD 的圆心一定在 BA 线上。 (命题Ⅲ.19)

所以 BA 是圆 ABCD 的直径。

所以∠ADB 是半圆上的角,因此为直角。 (命题Ⅲ.31)

于是由三角形内角和定理可知 ∠BAD + ∠ABD = 直角。

(命题Ⅰ.32)

注意到∠ABF 也是直角,所以

∠BAD + ∠ABD = ∠ABF。 (公设 4,公理 1)

在上等式两边各减去∠ABD,即有 ∠DBF = ∠BAD。 (公理 3)

又因为 ABCD 是圆内接四边形,所以 ∠BAD + ∠DCB = 2 直角。

(命题Ⅲ.22)

而 ∠DBF + ∠DBE = 2 直角(此即 180°), (命题Ⅰ.13)

∠BAD + ∠DCB = ∠DBF + ∠DBE = ∠BAD + ∠DBE。

(公设 4,公理 2)

于是有 $\angle DCB = \angle DBE$。 （公理 3）

所以，弦切角等于所夹弧所对应的圆周角。

这就是所要证明的（Q.E.D.）。

注释 32 由上面的证明过程可以看到，命题 III.32 的演绎证明除了会用到第 I 卷的公设 1、公设 4、公理 1、公理 2、公理 3 以及命题 I.11、命题 I.13、命题 I.32 之外，还会用到第 III 卷的命题 III.19、命题 III.22 和命题 III.31。

接下来，我们将关注命题 III.31（它出现在命题 III.32 的证明里）的演绎证明之旅。

命题 III.31 （部分）在一个圆中，直径或半圆所对的圆周角为直角。

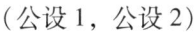

现代的数学表述：

如图，设 BC 为直径，E 为圆心，求证：$\angle BAC =$ 直角。

证明：连接 AE，将 BA 延长至 F。 （公设 1，公设 2）

经由 $BE = EA$ 可知 $\angle ABE = \angle BAE$。

经由 $CE = EA$ 可知 $\angle ACE = \angle CAE$。 （命题 I.5）

因此 $\angle BAC = \angle BAE + \angle CAE = \angle ABC + \angle ACB$。 （公理 2）

又注意到 $\angle FAC = \angle ABC + \angle ACB$。 （命题 I.32）

因此 $\angle BAC = \angle FAC$。 （公理 1）

所以，这两个角皆为直角。

所以，在半圆 BAC 上的 $\angle BAC$ 为直角（Q.E.D.）。

注释 31 由上面的证明过程可以看到，命题 III.31 的演绎证明除了会用到第 I 卷的命题 I.5、命题 I.32 以及一些公设和公理之外，还会用到第 III 卷的命题 III.22。

接下来，我们将关注命题 III.22（它出现在命题 III.32 以及命题

Ⅲ.31 的证明里）的演绎证明之旅。

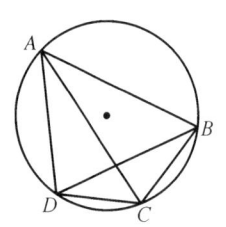

命题Ⅲ.22 圆内接四边形对角互补。

现代的数学表述：

如图，设有圆内接四边形 $ABCD$，

求证：$\angle ABC + \angle ADC = 180°$，$\angle BAD + \angle DCB = 180°$。

证明：连接 AC、BD。　　　　　　　　　　（公设 1）

经由三角形内角和定理，有

$$\angle CAB + \angle ABC + \angle BCA = 180°。\quad （命题Ⅰ.32）$$

再由圆周角定理，有

$$\angle CAB = \angle BDC，\angle ACB = \angle ADB，\quad （命题Ⅲ.21）$$

因此 $\angle ADC = \angle BDC + \angle ADB = \angle CAB + \angle ACB$。　　（公理 2）

在上等式两边各加上 $\angle ABC$，即有

$$\angle ADC + \angle ABC = \angle CAB + \angle ACB + \angle ABC = 180°。$$

（公理 2，命题Ⅰ.32）

类似地，可以证明：$\angle BAD + \angle DCB = 180°$。

这就是所要证明的（Q.E.D.）。

注释 22　由上面的证明过程可以看到，命题Ⅲ.22 的演绎证明除了会用到第Ⅰ卷的命题Ⅰ.32 以及一些公设和公理之外，还会用到第Ⅲ卷的命题Ⅲ.21。

接下来，我们将关注命题Ⅲ.21（它出现在命题Ⅲ.22 的证明里）的演绎证明之旅。

命题Ⅲ.21　在同一个圆中，同弧所对的圆周角相等。

现代的数学表述：

如图，设 $ABCD$ 为圆，$\angle BAD$ 和 $\angle BED$ 有相同的弧，求证：$\angle BAD = \angle BED$。

证明：设 F 为圆 $ABCD$ 的圆心，连接 BF、FD。

（命题Ⅲ.1，公设 1）

于是 $\angle BFD = 2\angle BAD$；$\angle BFD = 2\angle BED$；

（命题Ⅲ.20）

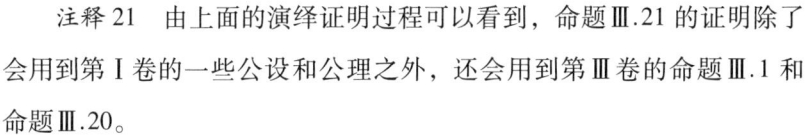

所以，$\angle BAD = \angle BED$。　　　　（公理 1）

所以，在同一个圆中，同弧所对的圆周角相等。

这就是所要证明的（Q.E.D.）。

注释 21　由上面的演绎证明过程可以看到，命题Ⅲ.21 的证明除了会用到第Ⅰ卷的一些公设和公理之外，还会用到第Ⅲ卷的命题Ⅲ.1 和命题Ⅲ.20。

接下来，我们将关注命题Ⅲ.20（它出现在命题Ⅲ.21 的证明里）的演绎证明之旅。

命题Ⅲ.20　在一个圆中，同弧所对的圆心角等于圆周角的两倍。

现代的数学表述：

设有圆 ABC，$\angle BEC$ 为其圆心角，$\angle BAC$ 为其圆周角，它们有共同的以 $\overset{\frown}{BC}$ 为底的弧，

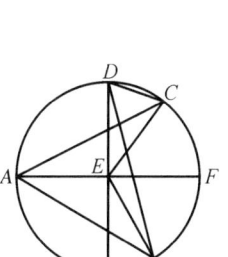

求证：$\angle BEC = 2\angle BAC$。

证明：连接 AE，并延长至 F。　　　　（公设 1，公设 2）

经由 $EA = EB$ 可知 $\angle EAB = \angle EBA$，　　　　（命题Ⅰ.5）

所以 $\angle EAB + \angle EBA = 2\angle EAB$。　　　　（公理 2）

又注意到 $\angle BEF = \angle EAB + \angle EBA$，　　　　（命题Ⅰ.32）

所以，$\angle BEF = 2\angle EAB$。　　　　（公理 1）

同理，$\angle FEC = 2\angle EAC$。

所以，$\angle BEC = \angle BEF + \angle FEC = 2\angle EAB + 2\angle EAC = 2\angle BAC$。

（公理 1，公理 2）

此外，若是另外一种构形，比如圆心 E 在圆周角 $\angle BDC$ 外部，如此可连接 DE，并延长至 G。

类似可证明 $\angle GEC = 2\angle EDC$，$\angle GEB = 2\angle EDB$。

所以，$\angle BEC = 2\angle BDC$。

所以，在一个圆中，同弧所对的圆心角是圆周角的两倍（Q.E.D.）。

注释 20 由上面的证明过程可以看到，命题Ⅲ.20 的演绎证明只用到第Ⅰ卷的命题Ⅰ.5 和命题Ⅰ.32 以及一些公设和公理。

接下来，我们将关注命题Ⅲ.19（它出现在命题Ⅲ.32 的证明里）的演绎证明之旅。

命题Ⅲ.19 一条直线与圆相切，在切点上与该直线垂直的直线一定经过圆心。

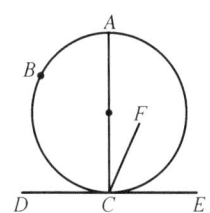

现代的数学表述：

如图，设直线 DE 与圆 ABC 相切于 C 点，从 C 点作 CA，使之垂直于 DE，

求证：圆心一定在 AC 线上。

证明：反证法。

若不然，假设圆心不在 AC 线上。

设 F 为圆心，连接 CF。　　　　　　　　　（命题Ⅲ.1，公设 1）

于是，$\angle FCE$ 是直角。　　　　　　　　　　　　（命题Ⅲ.18）

但是，$\angle ACE$ 也是直角。

因此，$\angle FCE = \angle ACE$。　　　　　　　　　（公设 4，公理 1）

而这是不可能的。　　　　　　　　　　　　　　（公理 5）

所以，F 不是圆 ABC 的圆心。

所以，一条直线与圆相切，在切点上与该直线垂直的直线，一定经过圆心。

这就是所要证明的（Q.E.D.）。

注释 19 由上面的证明过程可以看到，命题Ⅲ.19 的演绎证明除了会用到第Ⅰ卷的一些内容之外，还会用到第Ⅲ卷的命题Ⅲ.1、命题Ⅲ.18。

接下来，我们将关注命题Ⅲ.18（它出现在命题Ⅲ.19 的证明里）的演绎证明之旅。

命题Ⅲ.18 如果一条线与圆相切，圆心与切点的连线构成直角。

现代的数学表述：

如图，设直线 DE 与圆 ABC 相切于 C 点，F 为圆心，连接 FC，

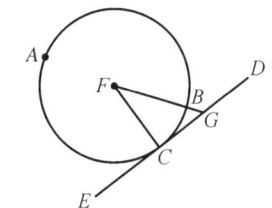

求证：FC 垂直于 DE。

证明：反证法。

若不然，假设不垂直，设从 F 点作 FG 垂直于 DE。（命题Ⅰ.12）

注意到在三角形 GFC 中，$\angle FGC$ 是直角，$\angle FCG$ 是锐角，此即有

$$\angle FGC > \angle FCG,\qquad (命题Ⅰ.17)$$

所以，$FC > FG$。　　　　　　　　　　　　（命题Ⅰ.19）

注意到 $FC = FB$。

于是 $FB > FG$，而这是不可能的。

所以，如果一条线与圆相切，圆心与切点的连线构成直角（Q.E.D.）。

注释 18 由上面的演绎证明过程可以看到，命题Ⅲ.18 的证明只用到第Ⅰ卷的一些内容。

接下来，我们将关注命题Ⅲ.16（它出现在命题Ⅳ.2 的证明里）的演绎证明之旅。

命题Ⅲ.16 从圆的直径的端点作垂直于直径的直线。该直线落在圆外；且在该线与圆周之间不可能插入第二条直线；且半圆角大于任何锐角；余下的角小于任何锐角。

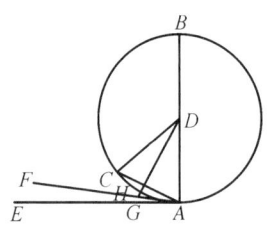

现代的数学表述（部分）：

设有圆 ABC，D 为圆心，AB 为直径，

求证：从 A 点作垂直于 AB 的直线一定落在圆外，且在该线与圆周之间不可能插入第二条直线。

证明：反证法。

若不然，假定有落在圆内的部分，比如 CA，连接 DC。（公设 1）

经由 DA = DC 可知 ∠DAC = ∠ACD。（命题 I.5）

而 ∠DAC 是直角，因此 ∠ACD 也是直角；

于是在三角形 ACD 中，两个角之和：

∠DAC + ∠ACD = 180°，这是不可能的。（命题 I.17）

所以，从点引出的垂直于 AB 的线不落在圆内。

类似可以证明它不能落在圆周上，所以它只能落在圆外。

设此直线为 AE。

往证：在直线 AE 与圆弧 $\overparen{CHA}$ 之间不可能存在第二条线。

依然用反证法。假设它们之间存在第二条直线，比如其为 FA；

现从 D 点作 DG 垂直于 FA。（命题 I.12）

由于 ∠AGD 为直角，而 ∠DAG 小于直角，所以 AD>DG。

（命题 I.17、I.19）

又，DA = DH，于是有 DH>DG，而这是不可能的。

（公理 1，公理 5）

所以，不可能在该直线与圆周之间再引出另一条直线。

这即是所要证明的（Q.E.D.）。

注释 16　由上面的证明过程可以看到，命题 III.16 的证明只用到第 I 卷的一些内容。

最后我们将迎来命题 III.1（它出现在命题 III.21、命题 III.19 以及命题Ⅲ.18 的证明里）的演绎证明之旅。

命题Ⅲ.1　给定一个圆可以找到它的圆心。

现代的数学表述：

设 ABC 是给定的圆，则可以找到它的圆心。

证明：在圆内任作一条弦 AB，作 D 平分 AB，

（命题Ⅰ.10）

作 DC，使之垂直于 AB；　　　（命题Ⅰ.11）

延长 DC 至 E，在 CE 上找到该线的平分点 F。（公设 2，命题Ⅰ.10）

则 F 即是圆 ABC 的圆心。

证明如下。如不然，假定圆心是 G，连接 GA、GD、GB；（公设 1）

则经由 $AD = DB$，$DG = DG$，$GA = GB$ 可知

三角形 ADG 全等于三角形 BDG，$\angle ADG = \angle GDB$。

（定义Ⅰ.15、命题Ⅰ.8）

于是 $\angle GDB$ 是直角。

而 $\angle FDB$ 也是直角，

所以，$\angle FDB = \angle GDB$。而这是不可能的。　　（公理 5）

所以，点 G 不是圆 ABC 的圆心。

所以，F 是圆 ABC 的圆心。因此给定一个圆可以找到它的圆心（Q.E.D.）。

注释 1　作为《几何原本》第Ⅲ卷的第一命题，命题Ⅲ.1 的证明只用到第Ⅰ卷的一些内容——如命题Ⅰ.8、命题Ⅰ.10 和命题Ⅰ.11。

圆内接正方形的尺规作图

现在我们再来看命题Ⅳ.6 的内容呈现。

命题Ⅳ.6　给定一个圆可以作一个内接正方形。

和命题Ⅳ.2的演绎证明相仿,这一数学故事或可以由下面的逻辑图谈起。

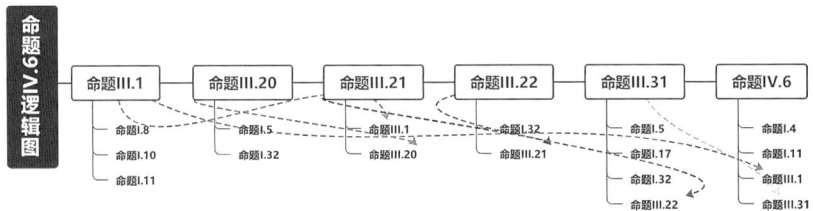

由上图可以看到,除了《几何原本》第Ⅰ卷中的命题外,命题Ⅳ.6的演绎证明将涉及第Ⅲ卷、第Ⅳ卷中的6个命题(包括其本身):命题Ⅳ.6,命题Ⅲ.31,命题Ⅲ.22,命题Ⅲ.21,命题Ⅲ.20以及命题Ⅲ.1。

注意到在上述6个命题中,其中的5个命题——命题Ⅲ.31,命题Ⅲ.22,命题Ⅲ.21,命题Ⅲ.20以及命题Ⅲ.1已出现在上一节里,下面将给出命题Ⅳ.6的演绎证明。

命题Ⅳ.6　给定一个圆可以作一个内接正方形。

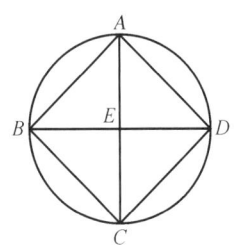

现代的数学表述:

如图,设 $ABCD$ 为给定的圆,则可求作圆 $ABCD$ 的内接正方形。

证明:作圆 $ABCD$ 的两条直径 AC、BD,并相互垂直于 E;　　　　　　　　(命题Ⅲ.1,命题Ⅰ.11)

连接 AB、BC、CD 和 DA。　　　　　　　　(公设1)

则 $ABCD$ 即为所求。

往证如下。

由于 E 为圆心,所以 $BE = ED$。

再加上 $EA = EA$,$\angle AEB = \angle AED = $ 直角,

可知三角形 AEB 全等于三角形 AED，AB = AD。　　　（命题 I.4）

类似地可证：BC = AB，CD = AD。

因此，四边形 ABCD 是等边的。

又，因为直线 BD 是圆 ABCD 的直径，所以 BAD 是半圆。

所以，∠BAD 是直角。　　　　　　　　　　　　　（命题III.31）

类似的，∠ABC、∠BCD 和∠CDA 也是直角。

所以，四边形 ABCD 是正方形。

所以，给定一个圆可以作一个内接正方形（Q.E.F.）。

注释 6　由上面的证明过程可以看到，命题IV.6 的演绎证明除了会用到第 I 卷的命题 I.4、命题 I.11 以及一些公设之外，还会用到第 III 卷的命题III.1 和命题III.31。

圆内接正五边形的尺规作图

在这一章的最后篇，我们来看圆内接正五边形的尺规作图，即命题IV.11 的内容呈现。

命题IV.11　在一个圆里，可以作一个内接正五边形。

和命题IV.2、命题IV.6 的演绎证明相仿，这一数学故事或可以由下面的逻辑图谈起。

由下页图可以看到，除了《几何原本》第 I 卷中的命题外，命题IV.11 的演绎证明将涉及第 II 卷、第 III 卷、第 IV 卷中的 25 个命题（包括其本身）：命题IV.11，命题IV.10，命题IV.5，命题IV.2，命题IV.1，命题III.37，命题III.36，命题III.32，命题III.31，命题III.29，命题III.27，命题III.26，命题III.24，命题III.22，命题III.21，命题III.20，命题III.19，命题III.18，命题III.17，命题III.16，命题III.10，命题III.3，命题III.1，命题II.11 和命题II.6。

108 　《几何原本》之窗

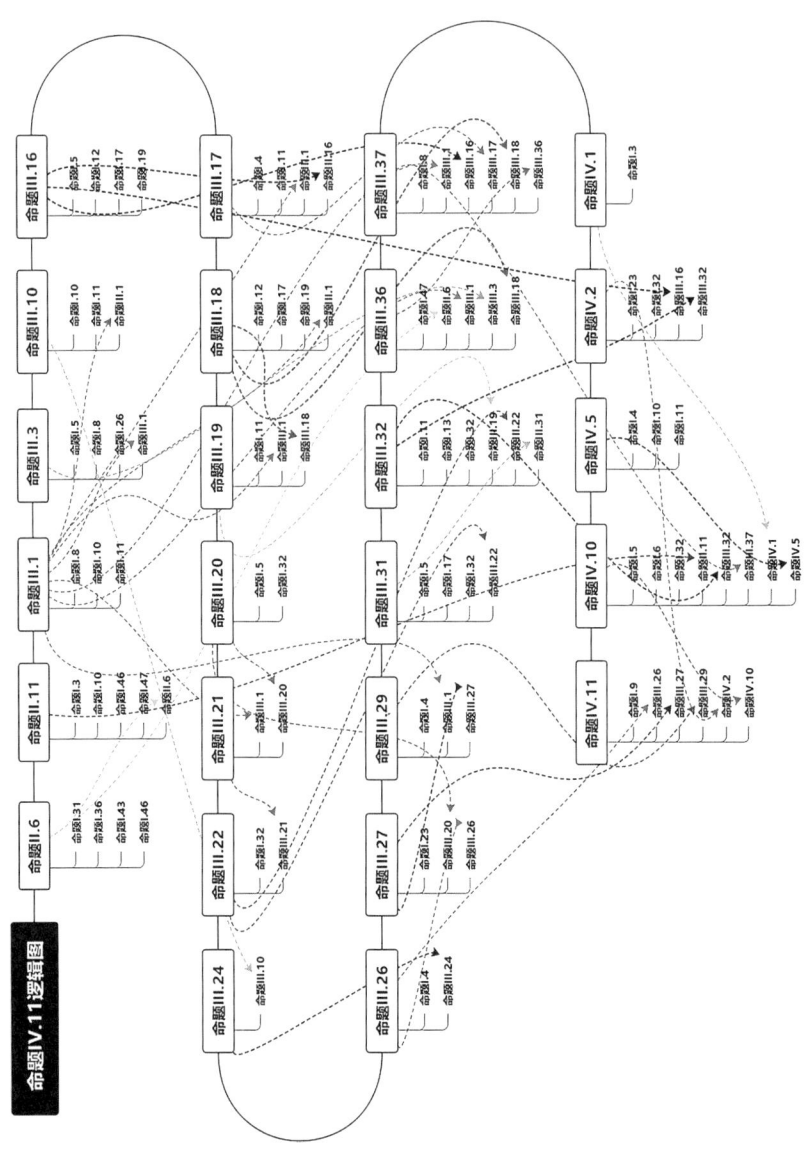

注意到在上述的这 25 个命题中，其中有 10 命题——命题Ⅳ.2，命题Ⅲ.32，命题Ⅲ.31，命题Ⅲ.22，命题Ⅲ.21，命题Ⅲ.20，命题Ⅲ.19，命题Ⅲ.18，命题Ⅲ.16，命题Ⅲ.1 已在前面的小节中出现过，因此只关注其他的 15 个命题的演绎证明过程。

命题Ⅳ.11 在一个圆里，可以作一个内接正五边形。

现代的数学表述：

如图，设 $ABCDE$ 是给定的圆，则在其内可作一个内接正五边形。

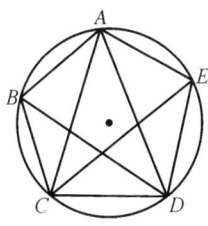

证明：先作等腰三角形 FGH，使得 $\angle G$、$\angle H$ 分别等于 $\angle F$ 的两倍。
（命题Ⅳ.10）

之后在圆 $ABCDE$ 内作三角形 ACD 等角于三角形 FGH，此即

$$\angle CAD = \angle F, \quad \angle ACD = \angle G, \quad \angle CDA = \angle H。（命题Ⅳ.2）$$

因此 $\angle ACD$、$\angle CDA$ 也分别等于 $\angle CAD$ 的两倍。

现在作直线 CE、DB，分别平分 $\angle ACD$、$\angle CDA$。 （命题Ⅰ.9）

连接 AB、BC、DE 和 EA， （公设1）

往证：五边形 $ABCDE$ 即为所求的正五边形。

注意到 $\angle ACD$、$\angle CDA$ 是 $\angle CAD$ 的两倍，并被 CE、DB 平分。

因此，5 个角 $\angle DAC$、$\angle ACE$、$\angle ECD$、$\angle CDB$ 和 $\angle BDA$ 彼此相等。

于是，其所对的 5 段弧 $\overset{\frown}{AB}$、$\overset{\frown}{BC}$、$\overset{\frown}{CD}$、$\overset{\frown}{DE}$ 和 $\overset{\frown}{EA}$ 彼此相等。

（命题Ⅲ.26）

所以，其所对应的 5 条弦 AB、BC、CD、DE 和 EA 彼此相等。

（命题Ⅲ.29）

因此五边形 $ABCDE$ 是等边的。

由于弧 $\overset{\frown}{AB}$ 等于弧 $\overset{\frown}{DE}$，

当每个加上弧 $\overparen{BCD}$，即有大弧 $\overparen{ABCD}$ 等于大弧 $\overparen{EDCB}$；

于是，∠BAE = ∠AED。 （命题Ⅲ.27）

同理可证：∠ABC = ∠BCD = ∠BAE，∠CDE = ∠AED。

所以，五边形 ABCDE 是等角的。

经由上，即有结论：在一个圆里，可以作一个内接正五边形。

这就是所要作的（Q.E.F.）。

注释 11　由上面的证明过程可以看到，命题Ⅳ.11 的演绎证明除了会用到第Ⅰ卷的一些内容之外，还会用到命题Ⅲ.26、命题Ⅲ.27、命题Ⅲ.29、命题Ⅳ.2、命题Ⅳ.10。

接下来，我们将关注命题Ⅳ.10（它出现在命题Ⅳ.11 的证明里）的演绎证明之旅。

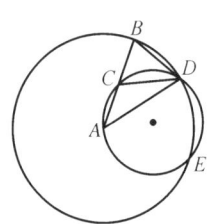

命题Ⅳ.10　可以作一个等腰三角形，两个底角皆等于顶角的两倍。

现代的数学表述：

如图，可以求作等腰三角形 ABD，使得 ∠ABD = ∠ADB = 2∠BAD。

证明：任取线段 AB，再在其上取 C 点，使得 AB 与 BC 构成的矩形的面积等于以 CA 边的正方形的面积。 （命题Ⅱ.11）

以 A 为圆心，AB 为半径作圆 BDE，作圆内线段 BD = AC。其中 AC 不大于圆 BDE 的直径。 （公设3，命题Ⅳ.1）

连接 AD。 （公设1）

则三角形 ABD 即为所求。

往证如下：

连接 DC，在三角形 ACD 上作外接圆 ACD。 （公设1，命题Ⅳ.5）

由于 AB、BC 构成的矩形的面积等于以 AC 为边的正方形的面积，

而 AC = BD。

所以，AB、BC 构成的矩形面积等于 BD 上的正方形面积。

注意到 B 点为圆 ACD 外的一点，

而从 B 点有两条线段 BA、BD 与圆 ACD 相遇，其中的一条穿过圆，另一条则落在圆上。

又 AB、BC 构成的矩形的面积等于 BD 上的正方形的面积。

所以，BD 与圆 ACD 相切。　　　　　　　　　　（命题Ⅲ.37）

于是，$\angle BDC = \angle DAC$。　　　　　　　　　　（命题Ⅲ.32）

于是有

$$\angle BDA = \angle BDC + \angle CDA = \angle DAC + \angle CDA。\quad（公理2）$$

注意到 $\angle BCD = \angle CDA + \angle DAC$。　　　　　　（命题Ⅰ.32）

所以，$\angle BDA = \angle BCD$。

又经由 $AD = AB$ 可知 $\angle BDA = \angle CBD$，　　　　（命题Ⅰ.5）

因此 $\angle BDA = \angle DBA = \angle BCD$。

进一步有，$BD = DC$。　　　　　　　　　　　　　（命题Ⅰ.6）

注意到 $BD = AC$，于是 $DC = AC$；　　　　　　　（公理1）

所以，$\angle CDA = \angle DAC$。　　　　　　　　　　（命题Ⅰ.5）

所以，

$$\angle BCD = \angle CDA + \angle DAC = 2\angle DAC；$$

$$\angle BDA = \angle DBA = \angle BCD = 2\angle DAB。$$

因此，可以作一个等腰三角形，两个底角皆等于顶角的两倍(Q.E.F.)。

注释 10　由上面的证明过程可以看到，命题Ⅳ.10 的演绎证明除了会用到第Ⅰ卷的一些内容之外，还会用到命题Ⅱ.11、命题Ⅲ.32、命题Ⅲ.37、命题Ⅳ.1、命题Ⅳ.5。

接下来，我们将关注命题Ⅳ.5（它出现在命题Ⅳ.10 的证明里）的演绎证明之旅。

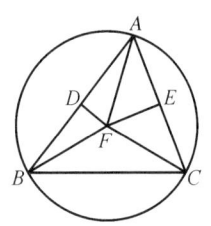

命题Ⅳ.5 给定一个三角形，可以作它的外接圆。

现代的数学表述：

如图，设 ABC 为给定的三角形，则可以求作三角形 ABC 的外接圆。

证明：将线段 AB、AC 分别平分，其分点记作 D、E；（命题Ⅰ.10）

过 D、E 分别作 AB、AC 的垂线 DF、EF，两者相交于 F。

（命题Ⅰ.11）

连接 FB、FC 和 FA。（公设1）

经由 $AD = DB$，$\angle ADF = \angle BDF = $ 直角，$DF = DF$ 可知

三角形 ADF 全等于三角形 BDF，$AF = BF$。（命题Ⅰ.4）

类似地，可以证明：$AF = CF$。

此即有，$FA = FB = FC$。

这即说，以 F 为圆心，以 FA、FB 或 FC 中之一为半径的圆被作出，并过余下的点。其为三角形 ABC 的外接圆（Q.E.F.）。

注释 5 由上面的证明过程可以看到，命题Ⅳ.5 的演绎证明只用到第Ⅰ卷中的一些内容。

接下来，我们将关注命题Ⅳ.1（它出现在命题Ⅳ.10 的证明里）的演绎证明之旅。

命题Ⅳ.1 可以将一条等于给定直线段的直线段纳入一个给定的圆，若此给定直线段不大于圆的直径。

现代的数学表述：

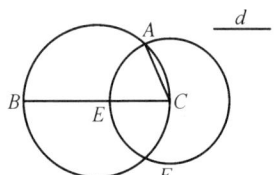

设 ABC 是给定的圆，d 是不大于该圆直径的给定直线段长，则可作一弦 $AC = d$。

证明：不妨设 BC 为圆 ABC 的直径；

如果 BC 等于 d，则 BC 即为所求。

现在设 $d<BC$,则可在 BC 上取 $CE=d$。 （命题 I.3）

以 C 为圆心、以 CE 为距离作圆 EAF;

连接 CA,则 AC 即为所求。

这就是所要作的（Q.E.F.）。

注释 1 由上面的演绎证明过程可以看到,命题 IV.1 的证明只用到第 I 卷的一些内容。

接下来,我们将关注命题 III.37（它出现在命题 IV.10 的证明里）的演绎证明之旅。

命题 III.37 如果在圆外的一点向圆引两条线段,一条与圆周相交,一条落在圆上。如果截圆的线段的全部与该点到凸弧之间圆外的线段构成的矩形等于以落在圆上的线段为边的正方形,那么落在圆上的直线为圆的切线。

现代的数学表述：

设 D 为圆 ABC 外的一点,从 D 点向圆引两条线段 DCA、DB,使 DCA 穿过圆,DB 与圆周相交于一点 B,满足 AD、DC 构成的矩形的面积等于以 DB 为边的正方形的面积。

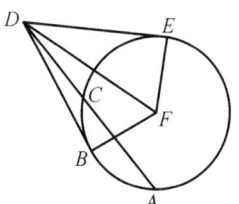

求证：DB 是圆 ABC 的切线。

证明：过点 D 作 DE 与圆 ABC 相切。 （命题 III.17）

设 F 为圆 ABC 的圆心,连接 FE、FB 和 FD。 （命题 III.1,公设 1）

于是,$\angle FED$ 是直角。 （命题 III.18）

注意到 AD、DC 构成的矩形面积等于以 DE 为边的正方形面积,此即

$$AD \cdot DC = DE^2。$$ （命题 III.36）

而由已知,$AD \cdot DC = DB^2$;

所以 $DE = DB$。 （公理 1）

再结合 $FE = FB$，$FD = FD$ 可知

三角形 DBF 全等于三角形 DEF，$\angle DBF = \angle DEF$。（命题 I.8）

上面已证：$\angle DEF$ 是直角，所以 $\angle DBF$ 也为直角。

所以 DB 是圆的切线。（命题 III.16 以及推论）

这就是所要证明的（Q.E.D.）。

注释 37　由上面的演绎证明过程可以看到，命题 III.37 的证明会用到命题 I.8、命题 III.1、命题 III.16、命题 III.17、命题 III.18 和命题 III.36。

接下来，我们将关注命题 III.36（它出现在命题 III.37 的证明里）的演绎证明之旅。

命题 III.36　如果在圆外的一点向圆引两条直线，一条与圆相切，一条穿过圆；那么被圆截得的线段与该点到凸圆之间的线段为边构成的矩形等于以该点向圆引的切线所构成的正方形。

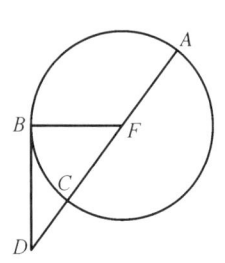

现代的数学表述：

如图，设 D 为圆 ABC 外的一点，从 D 点向圆 ABC 引两条线段 DCA、DB，使 DCA 穿过圆，而 DB 与圆相切。

求证：AD、DC 构成的矩形的面积等于以 DB 为边的正方形的面积。

证明：线段 DCA 要么穿过圆心，要么不穿过圆心。

让我们先关注 DCA 穿过圆心 F 的情形。（命题 III.1）

连接 FB，（公设 1）

于是，$\angle FBD$ 为直角。（命题 III.18）

注意到 AC 在 F 点被平分，CD 是其加线，

所以，AD、DC 构成的矩形的面积加以 FC 为边的正方形的面积等于以 FD 为边的正方形的面积。（命题 II.6）

又，因为 FC = FB，

所以，AD、DC 构成的矩形的面积加以 FB 为边的正方形的面积等于以 FD 为边的正方形的面积。

又，分别以 FB、BD 为边的正方形的面积之和等于以 FD 为边的正方形的面积。（命题Ⅰ.47）

所以，AD、DC 构成的矩形的面积加以 FB 为边的正方形的面积等于分别以 FB、BD 为边的正方形的面积之和。

若将两边各减去以 FB 为边的正方形的面积，则有，余下的 AD、DC 构成的矩形的面积等于以切线 DB 为边的正方形的面积。

现考虑 DCA 不穿过圆 ABC 的圆心的情形。

从 F 点作 FE 垂直于 AC，连接 FB、FC、FD。

于是，∠FBD 是直角。（命题Ⅲ.18）

注意到线段 EF 穿过圆心，且与另一条不过圆心的线段 AC 形成直角，所以有

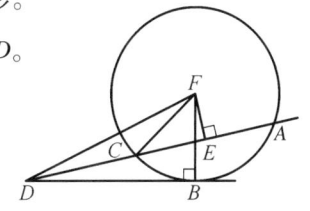

$$AE = EC。$$ （命题Ⅲ.3）

因为线段 AC 在 E 点被平分，CD 是其增加线。

所以，AD、DC 构成的矩形的面积加上以 EC 为边的正方形的面积就等于以 ED 为边的正方形的面积。（命题Ⅱ.6）

在上面的等式两边各加上以 FE 为边的正方形的面积，即有

AD、DC 构成的矩形的面积加上以 CE、FE 为边的正方形的面积等于以 ED 与 FE 为边的正方形的面积之和。

又因为∠FEC 是直角，所以以 FC 为边的正方形的面积等于分别以 CE、FE 构成的正方形的面积之和；以 FD 为边的正方形的面积等于分别以 DE、FE 为边的正方形的面积之和。（命题Ⅰ.47）

因此，AD、DC 构成的矩形的面积加上以 FC 为边的正方形的面积等于以 FD 为边的正方形的面积。

又，$FC = FB$，

所以，AD、DC 构成的矩形的面积加上以 FB 为边的正方形的面积等于以 FD 为边的正方形的面积。

又因为 $\angle FBD$ 是直角，所以以 FB、BD 为边的正方形的面积之和等于以 FD 为边的正方形的面积；AD、DC 构成的矩形的面积加上以 FB 为边的正方形的面积，等于分别以 FB、BD 为边的正方形的面积之和。

（命题 I.47）

将以上每个减去以 FB 为边的正方形的面积。

则余下的 AD、DC 构成的矩形等于以 DB 为边的正方形的面积。

这即是所要证明的（Q.E.D.）。

注释 36 由上面的证明过程可以看到，命题 III.36 的演绎证明除了用到第 I 卷的一些内容之外，还会用到命题 II.6、命题 III.1、命题 III.3 和命题 III.18。

接下来，我们将关注命题 III.29（它出现在命题 IV.11 的证明里）的演绎证明之旅。

命题 III.29 在相等圆中，相等的弧所对的弦相等。

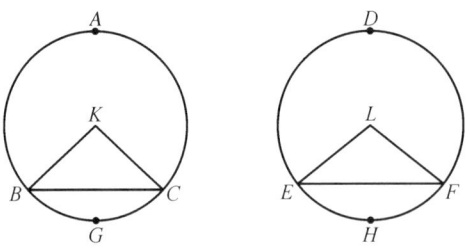

现代的数学表述：

如图，设圆 ABC 等于圆 DEF，其中弧 $\overset{\frown}{BGC}$ 等于弧 $\overset{\frown}{EHF}$，连接线段 BC 和 EF，

求证：$BC = EF$。

证明：设 K、L 分别为两圆的圆心，连接 BK、KC、EL 和 LF。

（命题Ⅲ.1，公设1）

因为弧$\stackrel{\frown}{BGC}$等于弧$\stackrel{\frown}{EHF}$，

因此，$\angle BKC = \angle ELF$。 （命题Ⅲ.27）

又，因为圆 ABC 等于圆 DEF，那么半径相等，

所以，$BK = EL$，$KC = LF$，再加上 $\angle BKC = \angle ELF$（上面已证）可知三角形 BCK 全等于三角形 EFL，$BC = EF$。 （命题Ⅰ.4）

因此，在相等圆中，相等的弧所对的弦相等。

这即是所要证明的（Q.E.D.）。

注释29 由上面的证明过程可以看到，命题Ⅲ.29 的演绎证明除了会用到第Ⅰ卷的一些内容之外，还会用到命题Ⅲ.1 和命题Ⅲ.27。

接下来，我们将关注命题Ⅲ.27（它出现在命题Ⅳ.11 和命题Ⅲ.29 的证明里）的演绎证明之旅。

命题Ⅲ.27 在相等圆中，相等的弧所对的圆周角相等，所对的圆心角相等。

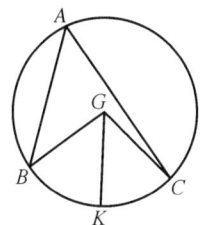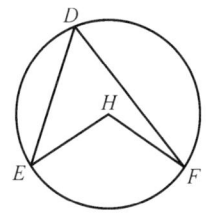

现代的数学表述：

设圆 ABC 等于圆 DEF，其弧$\stackrel{\frown}{BC}$等于弧$\stackrel{\frown}{EF}$，$\angle BGC$、$\angle EHF$ 是分别以圆心 G、H 作出的角，$\angle BAC$、$\angle EDF$ 是圆周上的角。

求证：$\angle BGC = \angle EHF$，$\angle BAC = \angle EDF$。

证明：反证法。

若不然，不妨设 $\angle BGC > \angle EHF$。

在线段 BG 上和 G 点作 $\angle BGK = \angle EHF$。K 在 $\overset{\frown}{BC}$ 上。（命题 I.23）

所以，圆弧 $\overset{\frown}{BK}$ 等于圆弧 $\overset{\frown}{EF}$。（命题 III.26）

于是经由已知，弧 $\overset{\frown}{BC}$ 等于弧 $\overset{\frown}{EF}$ 可知

弧 $\overset{\frown}{BK}$ 也等于弧 $\overset{\frown}{BC}$，而这是不可能的。（公理 5）

所以有 $\angle BGC = \angle EHF$。

再注意到 $\angle BAC$ 是 $\angle BGC$ 的一半，而 $\angle EDF$ 亦是 $\angle EHF$ 的一半，

（命题 III.20）

因此，$\angle BAC = \angle EDF$。

所以，在等圆中，相等的弧所对的圆周角相等，所对的圆心角相等。这即是所要证明的（Q.E.D.）。

注释 27 由上面的证明过程可以看到，命题 III.27 的演绎证明除了会用到第 I 卷的一些内容之外，还会用到命题 III.20 和命题 III.26。

接下来，我们将关注命题 III.26（它出现在命题 IV.11 和命题 III.27 的证明里）的演绎证明之旅。

命题 III.26 在相等圆中，相等的圆周角或者圆心角所对的弧相等。

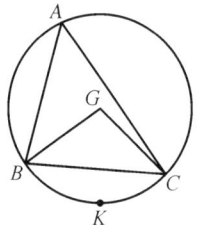 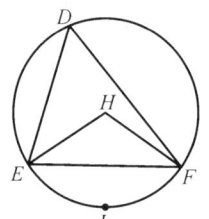

现代的数学表述：

设 ABC，DEF 为相等圆，在其内作相等圆心角和圆周角，即圆心角 $\angle BGC = \angle EHF$，圆周角 $\angle BAC = \angle EDF$。

求证：圆弧 $\overset{\frown}{BKC}$ 等于圆弧 $\overset{\frown}{ELF}$。

证明：连接 BC。

由于圆 ABC 等于圆 DEF，那么半径相等，此即有

$$BG = EH、GC = HF，$$

再加上已知有 $\angle BGC = \angle EHF$，

因此有 $BC = EF$。 （命题 I.4）

又，由于在 A 点处的角等于在 D 点处的角，所以

弓形 BAC 相似于弓形 EDF； （定义 III.11）

且它们立于相等的线段上。

而在相等线段上的相似弓形彼此相等， （命题 III.24）

因此，弓形 BAC 等于弓形 EDF。

又，因为整圆 ABC 也等于整圆 DEF，

所以，余弧 $\overset{\frown}{BKC}$ 等于余弧 $\overset{\frown}{ELF}$。

所以：在相等圆内，相等的圆周角或圆心角所对的弧相等。

这即是所要证明的（Q.E.D.）。

注释 26 由上面的证明过程可以看到，命题 III.26 的演绎证明除了会用到第 I 卷的一些内容之外，还会用到命题 III.24。

接下来，我们将关注命题 III.24（它出现在命题 III.26 的证明里）的演绎证明之旅。

命题 III.24 相等直线上的相似弓形彼此相等。

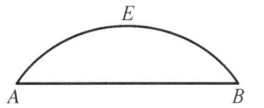 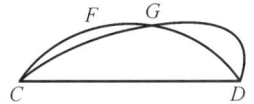

现代的数学表述：

如图，设 AEB、CFD 是相等直线 AB、CD 上的相似弓形；则弓形 AEB 等于 CFD。

证明：若将弓形 AEB 迭合到 CFD 上，其中 A 点被置于 C 上，直线

AB 被置于 *CD* 上,则经由 *AB*=*CD* 可知点 *B* 也与点 *D* 重合,因此 *AB* 与 *CD* 重合,弓形 *AEB* 也与弓形 *CFD* 重合。

设想如果弓形 *AEB* 不与弓形 *CFD* 重合,那么它要么落在里面,要么落在外面;或者歪斜地落在 *CGD* 上,于是一圆截另一圆,其交点多于两个,而这是不可能的。　　　　　　　　　　　　　　　　(命题Ⅲ.10)

因此,若把直线 *AB* 迭合到 *CD* 上,则弓形 *AEB* 必定也与 *CFD* 重合。因此,两弓形重合且彼此相等。

这就是所要证明的（Q.E.D.）。

注释 24　由上面的证明过程可以看到,命题Ⅲ.24 的演绎证明除了会用到第Ⅰ卷的一些内容之外,还会用到命题Ⅲ.10。

接下来,我们将关注命题Ⅲ.17（它出现在命题Ⅲ.37 的证明里）的演绎证明之旅。

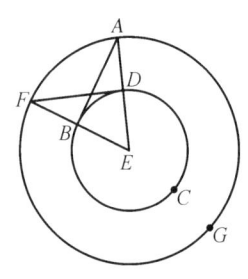

命题Ⅲ.17　过圆外一点可以作圆的切线。

现代的数学表述：

如图,设 *A* 为给定的点,*BCD* 为给定的圆,则从 *A* 点可以向圆 *BCD* 作切线。

证明：设 *E* 为圆心。

连接 *AE*,以 *E* 为圆心、*EA* 为半径作圆 *AFG*。

　　　　　　　　　　　　　　(命题Ⅲ.1、公设 1,公设 3)

过 *D* 点作 *DF* 垂直于 *EA*,　　　　　　　　(命题Ⅰ.11)

连接 *EF* 交圆 *BCD* 于 *B*,连接 *AB*。　　　　(公设 1)

则 *AB* 即为所求的、从点 *A* 向圆 *BCD* 求作的切线。

往证如下：

注意到 *EA*=*EF*,*BE*=*DE*,以及 ∠*AEB*=∠*FED* 可知

三角形 *AEB* 全等于三角形 *FED*,*DF*=*AB*,

以及 ∠*EBA*=∠*EDF*。　　　　　　　　　　　(命题Ⅰ.4)

而∠EDF 为直角，所以，∠EBA 也是直角。

因此，AB 与圆 BCD 相切。　　　　　　　　　　　　（命题Ⅲ.16）

所以，过圆外一点可以作圆的切线。

这即是所要作的（Q.E.F.）。

注释 17　由上面的证明过程可以看到，命题Ⅲ.17 的演绎证明除了会用到第Ⅰ卷的一些内容之外，还会用到命题Ⅲ.1 和命题Ⅲ.16。

接下来，我们将关注命题Ⅲ.10（它出现在命题Ⅲ.24 的证明里）的演绎证明之旅。

命题Ⅲ.10　圆截一圆，其交点不多于两个。

现代的数学表述：

设有两圆相截，则它们的交点最多只有两个。

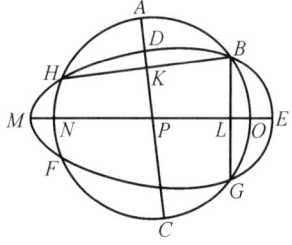

证明：反证法。

若不然，假设圆 ABC 截圆 DEF 的交点多于两个，即 B、G、F、H。

连接 BH、BG，设它们被二等分于点 K、L；　　　（命题Ⅰ.10）

从 K、L 作 KC、LM 分别与 BH、BG 成直角，并交两圆于点 A、E。

（命题Ⅰ.11）

于是，由于圆 ABC 内一直线 AC 把另一直线 BH 截成相等的两部分且交成直角，

所以圆 ABC 的圆心在 AC 上。　　　　　　　　　　（命题Ⅲ.1）

又，由于同一圆 ABC 内一直线 NO 把另一直线 BG 截成相等的两部分且交成直角，

所以圆 ABC 的圆心在 NO 上。

但已证明它在 AC 上，而且除点 P 外，直线 AC、NO 没有交点；

因此，点 P 是圆 ABC 的圆心。

类似地，可以证明，P 也是圆 DEF 的圆心；

因此，彼此相截的两圆 ABC、DEF 有共同的圆心 P；而这是不可能的。

这即是所要证明的（Q.E.D.）。

注释 10　由上面的证明过程可以看到，命题Ⅲ.10 的演绎证明除了会用到第Ⅰ卷的一些内容之外，还会用到命题Ⅲ.1。

接下来，我们将关注命题Ⅲ.3（它出现在命题Ⅲ.36 的证明里）的演绎证明之旅。

命题Ⅲ.3　平分非直径的弦的直径垂直于这条弦；反之，垂直于弦的直径平分这条弦。

现代的数学表述：

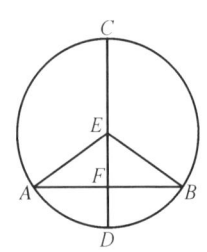

设 CD 是通过圆 ABC 圆心的直径，平分不过圆心的弦 AB 于 F 点，求证：CD 垂直于 AB。此外，这一命题的逆命题亦成立。

证明：设圆 ABC 的圆心为 E，连接 EA、EB。（命题Ⅲ.1，公设 1）

经由 AF = FB，FE = EF 以及 AE = EB 可知

三角形 AFE 全等于三角形 BFE，∠AFE = ∠BFE。

（定义Ⅰ.15、命题Ⅰ.8）

所以，∠AFE、BFE 皆为直角。　　　　　　　　（定义Ⅰ.10）

因此，过圆心的线 CD 与不过圆心的线 AB 相交成直角。

又设直径 CD 和 AB 垂直。

那么，有 ∠AFE = ∠BFE = 直角。

再经由 EA = EB 可知 ∠EAF = ∠EBF。　　　　　（命题Ⅰ.5）

于是，三角形 AFE 全等于三角形 BFE，AF = FB。　（命题Ⅰ.26）

这即是说，CD 将 AB 二等分。

这即是所要证明的（Q.E.D.）。

注释 3　由上面的证明过程可以看到，命题Ⅲ.3 的演绎证明除了会用到第Ⅰ卷的一些内容之外，还会用到命题Ⅲ.1。

接下来，我们将关注命题Ⅱ.11（它出现在命题Ⅳ.10 的证明里）的演绎证明之旅。

命题Ⅱ.11　截一条给定的直线，使整条直线与截取的线段之一所围成的矩形等于其余线段上的正方形。

现代的数学表述：

设 AB 是给定的直线，则可截取 AB，使它与截取的线段之一所围成的矩形等于其余线段上的正方形。

证明：在 AB 上作正方形 $ABDC$。　　　　　　（命题Ⅰ.46）

将 AC 二等分于点 E；　　　　　　　　　　　（命题Ⅰ.10）

连接 BE；延长 CA 到 F，取 $EF=BE$；（公设 1，公设 2，命题Ⅰ.3）

再以 AF 为一边作正方形 $GFAH$，延长 GH 到 K。

　　　　　　　　　　　　　　　　　　　　　（命题Ⅰ.46，公设 2）

则 H 即是 AB 上所要求作的截点，它使 AB、BH 所围成的矩形等于 AH 上的正方形。

证明如下：

注意到 CF、FA 所围成的矩形与 AE 上的正方形之和等于 EF 上的正方形。　　　　　　　　　　　　　　　　　　　　（命题Ⅱ.6）

又 $EF=EB$，

因此，矩形 CF、FA 所围成的矩形与 AE 上的正方形之和等于 EB 上的正方形。

注意到 $\angle BAE$ 为直角，所以 BA、AE 上的正方形之和等于 EB 上的正方形。　　　　　　　　　　　　　　　　　　　　（命题Ⅰ.47）

因此，矩形 CF、FA 所围成的矩形与 AE 上的正方形之和等于 BA、AE 上的正方形之和。

将上等式两边各减去 AE 上的正方形，即有

CF、FA 所围成的矩形等于 AB 上的正方形。

注意到 AF = FG，于是

CF、FG 所围成的矩形等于 AB 上的正方形。

再将上等式两边各减去矩形 HACK，即有

AH 上的正方形等于 HB、BD 所围成的矩形。

注意到 AB = BD，于是有

AB、HB 所围成的矩形等于 AH 上的正方形。

这就是所要作的（Q.E.F.）。

注释 11　由上面的证明过程可以看到，命题 II.11 的演绎证明除了会用到第 I 卷的一些内容之外，还会用到命题 II.6。

最后，我们将关注命题 II.6（它出现在命题 III.36 和命题 II.11 的证明里）的演绎证明之旅。

命题 II.6　若将一条直线段二等分且沿同一直线给它加一条直线段，则整条直线段与加上的直线段所围成的矩形以及原直线段一半上的正方形之和等于原直线段一半与加上的直线段合成的直线段上的正方形。

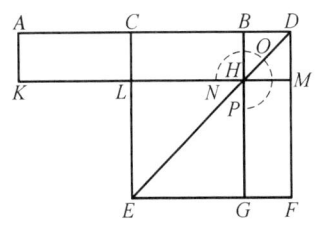

现代的数学表述：

设直线段 AB 被二等分于点 C，且沿同一直线给它加上直线段 BD，则 AD、DB 所围成的矩形与 CB 上的正方形之和等于 CD 上的正方形。

证明：在 CD 上作正方形 CEFD。　　　　　（命题 I.46）

连接 DE；

过点 B 作 BG 平行于 EC 或 DF，BG 与 DE 的交点记作 H；

过点 H 作 KM 平行于 AB 或 EF，

再过点 A 作 AK 平行于 CL 或 DM。 （命题 I.31）

经由 $AC=CB$ 可知 $AKLC$ 的面积等于 $CLHB$ 的面积。 （命题 I.36）

但由于 $CLHB$ 的面积等于 $HGFM$ 的面积， （命题 I.43）

因此，$AKLC$ 的面积等于 $HGFM$ 的面积。 （公理1）

若在上等式两边各加上 $CLMD$ 的面积，即有

整个 $AKMD$ 的面积等于拐尺形 NOP。

若在这一等式两边各再加上 $LEGH$ 的面积，即有

由 AD、DB 所围成的矩形与 CB 上的正方形之和等于 CD 上的正方形。

这即是所要证明的（Q.E.D.）。

注释6　作为命题 VI.11 演绎证明之链除了第 I 卷之后的最初命题，命题 II.6 的证明用到第 I 卷中的命题 I.31、命题 I.36、命题 I.43 和命题 I.46。

和化圆为方、倍立方体、三等分角等问题一样，通过尺规作图在给定圆中作出一内接正多边形，亦是一个数学难题。在欧几里得时代，相关这一主题所知道的成果只有极少数的几种情形——如圆内接正三角形的尺规作图（命题 IV.2）、圆内接正方形的尺规作图（命题 IV.6）、圆内接正五边形的尺规作图（命题 IV.11）等。那么，对于一般的圆内接正 n 边形，可以尺规作图的数学故事又是怎么样的呢？这个问题将会在最后一章进一步来讲述和探讨。

思考题

1. 将命题 I.1 和命题 IV.2 作进一步的对比研究。

2. 请问，命题 I.46 和命题 IV.6 之间有什么样的同与不同，由此开展进一步的对比研究。

3. 命题 II.11 的内容涉及黄金分割的哲思，请关联第 VI 卷的定义 3

进一步思考。

4. 请画出命题Ⅳ.15 的形式逻辑导图，并给出其中的一些重要命题的详细证明。

5. 请画出命题Ⅳ.16 的形式逻辑导图，将其与命题Ⅳ.15 的证明进行比较研究。

第五章

《几何原本》——其他学科的模板

2000多年来,作为欧洲数学的基础,《几何原本》被认为是人类历史上学习数学的最成功的教科书。千千万万人正是通过这部流传千古的数学哲学经典的阅读而进入科学的殿堂。这其中不乏一些蜚声中外的学者,诸如伽利略、笛卡儿、牛顿等,他们都曾从《几何原本》中吸取丰富的营养,从而创造出许多令世人惊叹的伟大成就。

下面,将以牛顿的《自然哲学之数学原理》这一巨著中的部分内容为例,来进一步谈谈《几何原本》在其他人类学科的模板之用,以及它的重要价值。

《自然哲学之数学原理》

《原理》的诞生

《自然哲学之数学原理》是人类文明史上的一部巨著，也是牛顿一生中最重要的科学著作。其第一版成书于1687年，是牛顿经过20年的思考、实验研究、大量的天文观测和无数次数学演算的结晶。在这20年，以及在此之前的几十年里，欧洲的许多先进思想家和科学家在研究自然和数学方面取得了许多成就。其中有不少直接或间接影响着牛顿的思想体系以及《自然哲学之数学原理》一书的形成。

近代的科学革命是从波兰天文学家哥白尼（Nicholas Copernicus，1473—1543）提出日心说开始的。在哥白尼以前，欧洲占统治地位的宇宙学说是亚里士多德-托勒密地心说体系。在古希腊人看来，天体的运动轨迹一定是最完美和谐的曲线，就是圆；地球处于宇宙的中心，行星和太阳、月亮围绕着地球旋转，宇宙的最外层是不动的恒星，上帝住在遥远的恒星天注视着人类活动的地球，主宰着整个宇宙。

托勒密的地心说与我们每天所见的日月星辰的运动现象相一致，因此很容易为人们所接受。但随着时代的发展以及人们天文观测精度的提高，地心说难以解释许多天文现象，特别是其中的外行星逆行现象。

16世纪上半叶，哥白尼对地心说体系发起了挑战，他用神学的语言和一生天文观测的数据写成了《天体运行论》一书。哥白尼认为，更合理的宇宙结构应当是太阳为宇宙中心，地球和其他行星绕太阳旋转，旋转的轨道是完美的圆形。

哥白尼的著作和学说赢得了一些先进的思想家和科学家的赏识。比如意大利哲学家布鲁诺（Giordano Bruno）因为到处宣传日心说而遭到教会的迫害，他在备受酷刑摧残之后，被烧死在火刑柱上。意大利科学家伽利略（Galileo Galilei）则进一步认为，自然的语言是数学，观察和研究自然要通过科学的实验，而要表达自然的运动规律，应当使用数学和实验数据。伽利略写有两本著名的书：《关于托勒密和哥白尼两大世界体系的对话》和《关于两种科学的对话》，集中表达了他的科学成就，以及他对于宇宙和新的实验科学的看法。

从伽利略以后，新的实验科学获得了地位，数学语言取代哲学思辨语言用于表达自然的规律，成为时尚。但是宇宙体系问题还远远没有解决。哥白尼日心说简洁优美，但在天文计算中却十分繁杂，比起托勒密地心体系甚至有过之无不及。

德国天文学家、数学家开普勒（Johannes Kepler，1571—1630）是哥白尼学说的积极拥护者。这位智者利用他的老师、丹麦天文学家第谷（Tycho Brahe，1546—1601）长期积累的精密观测资料，以及经过20年的奋斗，总结得到了著名的行星运动三大定律——轨道定律、面积定律和周期定律。

开普勒第一定律（轨道定律）：行星绕太阳的运动轨迹是椭圆，太阳位于椭圆的一个焦点上。

开普勒第二定律（面积定律）：从太阳到行星的连线（即行星向径）在相等的时间内所扫过的面积相等。

为获得上述的这两项发现，开普勒用了整整10年时间。但是他对此还不满足，又花了10年时间得到了第三定律。

开普勒第三定律（周期定律）：行星绕太阳一周所用时间的平方与其轨道半长轴的三次方成正比。

开普勒的行星运动定律突破了几千年的传统观念，从根本上超越了古希腊天文学，最终使他赢得了"天空立法者"的美名。

不过在那个时代，开普勒的三大定律并没有被当时的天文学家普遍接受，只是作为一家之说出现在诸多文献中。但开普勒坚信自己的思想是正确的。他在《哥白尼天文学概论》（*Epitome astronomiae*

Copernicanae）中如此写道：

> 我是在为我的同时代人写书，
> 还是在为子孙后代写书，
> 这无关紧要。
> 也许我的书要等一百年才有知音，
> 上帝不是等了六千年才有顶礼膜拜的人吗？

所幸的是，开普勒并不需要等待100年。几十年后，他即迎来他的知音——牛顿。

1642年（公历1643年）——恰在伽利略离世的那一年，牛顿出生在英国的林肯郡沃尔索普镇。他的父亲是个小农场主，在牛顿出生前3个月就已经去世。牛顿3岁时母亲改嫁给一位牧师，牛顿是由外祖母抚养大的。牛顿的小学教育主要是在外祖母家完成的。

1655年，牛顿进入格兰瑟姆中学。少年牛顿不是神童，在校成绩并不出色，但他喜欢读书。在沃尔索普的农舍里保存有近200本牛顿少年时代读过的书籍。此外，牛顿从中学起就有作读书笔记的习惯。作为中学生的牛顿还酷爱制作各种玩具，诸如风车、木钟和日晷等等。牛顿中学毕业后以优异成绩被推荐到剑桥大学三一学院。他极其勤奋地读书、思考，研究了大量古代和当代人的著作，特别是有关自然哲学、数学和光学方面。不久他的指导老师就发现这个学生的学识已经超过了自己。

1665—1666年间，英国流行大鼠疫，各大学师生被疏散，牛顿回到家乡。这段时间成为牛顿科学生涯的黄金岁月：制定微积分，发现万有引力，提出光学颜色理论……可以说绘就了他一生大多数科学创造的蓝图。对此牛顿晚年回忆道：

> 1665年初，我发现了逼近级数法和把任意二项式的任

意次幂化成这样一个级数的规则。同年 5 月，我发现格雷戈里（Gregory, James, 1638—1675）和斯吕斯（Slues, René-Francoisde, 1622—1685）的切线方法。11 月，得到了直接流数法。次年 1 月，提出颜色理论。5 月里我开始学会反流数方法。同一年里，我开始想到引力延伸到月球轨道（并且发现计算使小球紧贴着内表面在球形体内转动的力的方法），并且由开普勒定律、行星运动周期倍半正比于它们到其轨道中心距离，我推导出使行星维系于其轨道上的力，必定反比于它们到其环绕中心距离的平方。因而，对比保持月球在其轨道上的力与地球表面上的重力，我发现它们相当相似。所有这些都发生在 1665—1666 那两年的大鼠疫期间。那时，我正处于发明初期，比以后任何时期都更多地潜心于数学和哲学。

1667 年复活节后，牛顿回到剑桥大学，同年当选为三一学院院士。两年后，牛顿接替他的导师巴罗（Isaac Barrow, 1630—1677）任卢卡斯教席数学教授。巴罗让贤的故事一直是科学史上的一曲美谈。

作为卢卡斯教授，牛顿自 1670 年起主持了一系列重要的科学讲座。1670—1672 年的光学讲座，总结了牛顿的光学研究，其讲义经修订后于 1704 年正式出版，这就是著名的《光学》；接着牛顿用了整整 10 年（1673—1683）时间讲授代数；1684—1685 年的卢卡斯讲座主题是运动学，据说这是由 1684 年 8 月哈雷（Edmond Halley, 1656—1743）的一次访问引起的：相传在当年伦敦的一间时尚咖啡馆里，哈雷、胡克（Robert Hooke, 1635—1702）和雷恩（Christopher Wren, 1632—1723）聊到行星的椭圆轨道与引力的平方反比关系之间有必然联系，但他们都无法证明这一点。于是哈雷专程到剑桥请教在引力服从反平方律时行星的轨道问题，牛顿表示他在几年前即已经证明了这一点，但是原先的手稿找不到了，他可以给哈雷再证明一遍。不久牛顿将答案写成论文寄给皇家学会，同时将论文扩充为《论运动》的讲义，即1684年秋季开始的卢卡斯讲座内容，此也是《自然哲学之数学原理》第一卷的初稿。此后便是牛顿全力创作《原理》的时期，伴随努力和专注，一部伟大的科学作品从牛顿的笔下源源不断地流淌出来，至1687年春，《原理》的第三卷"宇宙体系"告成。在哈雷的敦促与资助下，《原理》于同年夏正式出版。正是这部划时代的巨著，奠定了牛顿在科学史上的不朽地位。

《原理》的出版震动了整个英国和欧洲学界。牛顿一跃成为当时欧洲最负盛名的数学家、天文学家和自然哲学家。人们争相向他表示敬意，英国王室请他做客，当时欧洲公认的最伟大的几何学家惠更斯（Christiaan Huygens，1629—1695）专程到英国拜访他，各国元首和贵族访问英国时也都去看望他，以结识他为荣。1689年，牛顿当选为国会议员；1703年，当选为英国皇家学会会长；1705年，牛顿被安妮女王册封为爵士，达到了他一生的荣誉之巅。1727年3月20日，牛顿因病逝世，英国王室为他在西敏寺大教堂举行了国葬。

3年后，诗人蒲柏（Alexander Pope）为牛顿写下了以下这段诗句：

  Nature and Nature' law lay hid in night（自然与自然的定律，都隐藏在茫茫黑夜中）
  God said, "Let Newton be!"（上帝说"让牛顿来吧！"）
  and all was light（于是一切都豁然明朗）。

《原理》的体系、结构和特点

《自然哲学之数学原理》是牛顿一生中最为重要的物理学哲学著

作，标志着 17 世纪科学革命的顶点。它点燃了人类科学认识宇宙的曙光，总结了近代天体力学和地面力学的成就，为经典力学规定了一套基本概念，提出了力学的三大定律和万有引力定律，从而使经典力学成为一个完整的科学理论体系。其影响所及遍布自然科学的所有领域。

牛顿并没有声称自己要构造一个体系。在《原理》第一版的序言一开始牛顿说，他要"致力于发展与哲学相关的数学"，这本书是几何学与力学的结合，它是一种"理性的力学"，一种"精确地提出问题并加以演示的科学，旨在研究某种力所产生的运动，以及某种运动所需要的力"。在牛顿看来，他的任务是"由运动现象去研究自然力，再由这些力去推演其他运动现象"。

然而，牛顿实际上构建了一个人类有史以来最为宏伟的体系。他所说的力，主要是重力（我们今天称之为引力，或万有引力），以及由重力所派生出来的摩擦力、阻力和海洋的潮汐力等，而运动则包括落体、抛体、球体滚动、单摆与复摆、流体、行星自转与公转、回归点等等，简而言之，包括当时已知的一切运动形式和现象。也就是说，牛顿是想要用统一的力学原因去解释从地面物体到天体的所有运动和现象。

在结构上，《原理》是一种标准的公理化体系。全书大致上仿照古希腊欧几里得的《几何原本》来布局，从基本的定义开始，再给出几条推理规则（运动定律），经过一系列的推理和演算，得到一些普适的结论，再把这些结论应用到实际中与实验或观测数据相对照。

《原理》一开始即给出了 8 条定义：

定义 1 物质的量是物质的度量，可由其密度和体积共同求出。

定义 2 运动的量是运动的度量，可由速度和物质的量共同求出。

定义 3 Vis insita，或物质固有的力，是一种起抵抗作用的力，它存在于每一物体当中，大小与该物体相当，并使之保持其现有的状态，或是静止，或是匀速直线运动。

定义 4　外力是一种对物体的推动作用，使其改变静止的或匀速直线运动的状态。

定义 5　向心力使物体受到指向一个中心点的吸引、或推斥或任何倾向于该点的作用。

定义 6　以向心力的绝对度量量度向心力，它正比于中心导致向心力产生并通过周围空间传递的作用源的性能。

定义 7　以向心力的加速度度量量度向心力，它正比向心力在给定时间里所产生的速度部分。

定义 8　以向心力的运动度量量度向心力，它正比于向心力在给定时间里所产生的运动部分。

以上的第一个定义是"物质的量"，也就是我们今天所说的"质量"。在当代物理学中，质量是一个最基本的物理概念，但在牛顿时代，这一点还没有得到公认，也没有国际公认的质量标准和统一单位制，因此牛顿利用物体的密度和体积来决定物质的量。这与我们今天的做法正好相反，我们是用质量和体积来定义密度。第二个定义是"运动的量"，即质量与速度的乘积，也就是我们今天熟知的动量。第三个定义是物体的惯性，表述物体保持其已有运动的大小和方向的本领。随后牛顿定义了外力、向心力及其度量，然后是向心加速度和向心运动量的定义。这些与我们今天物理教科书的定义大致相同，只是我们较多地谈论向心力和向心加速度，其他概念则较少用到。

这些概念总的来说是我们今天所熟知的，但在当时，正如牛顿所指出的，是"鲜为人知的术语"。在随后的附注中又补充了 4 对十分重要的定义，即绝对时间和相对时间、绝对空间和相对空间、绝对处所和相对处所以及绝对运动和相对运动等 4 对范畴，其中后两对是派生概念，而前两对十分重要。牛顿写下的这些定义，是过去 300 年来所有大科学家、哲学家、思想家们寻找灵感的地方，特别是几对关于时空的概念在后世引来无数探讨。

紧接着"定义篇"之后的，是"运动的公理或定律"。

定律 I　每个物体都保持其静止或匀速直线运动的状态，除非有外力作用于它迫使它改变那个状态。

定律 II　运动的变化正比于外力，变化的方向沿外力作用的直线方向。

定律 III　每一种作用都有一个相等的反作用；或者，两个物体间的相互作用总是相等的，而且指向相反。

在这里，牛顿给出了每一个中学生都能倒背如流的极为著名的"力学三定律"。其叙述与我们今天的表述几乎完全一样。随后牛顿就三定律做出了6条推论，讨论了力的分解与合成，以及由此而产生的运动的分解与合成。

《原理》全书分为三卷（编）。第1编题为"物体的运动"，把各种运动的形式加以分类，详细考察每一种运动形式与力的关系，为全书的讨论做了数学工具上的准备。

第1编共有14章内容。其中牛顿在专门引入数学工具时，使用的是"引理"，而在论述本书正题时，使用的是"命题"。引理与命题都在必要的时候加入推论和附注。

在第1章的最初，牛顿首先引入极限概念、求极限的方法，引入无穷小概念和求曲线包围的面积以及求曲线的切线的方法。这一章中的11条引理是牛顿能够成就《原理》所依赖的最重要的数学手段之一。其中的引理2、3和11正是牛顿运用著名的流数术的例证。

第2章论述根据物体的运动轨迹来求该物体所受到的向心力。这里，牛顿给出的是最一般化的讨论，曲线的形状包括正圆、椭圆、双曲线等，物体到指定向心力中心的力与距离的关系则又有多种情况。

其中在命题 4 的推论 6 中所展现的天体运行关系，或可视为牛顿宇宙论最核心的基石。

在随后的第 3、4、5 章中，牛顿进一步详尽考察了物体沿圆锥曲线运动时的有关问题，包括向心力的规律（反比于距离的平方）、确定曲线形状等。命题第 22—29 为几种由已知条件（点、线或某些区域）画出圆锥曲线，在当时的天体力学乃至当今的天文学中都有重要意义。

第 6、7 两章涉及求解已知轨道上物体的运动，相当于我们熟知的由已知方程求解。在随后的几章里牛顿运用力和运动的合成与分解方法，讨论抛体运动、摆体运动和物体沿轨道运动时的回归点运动，以及其他受两种以上力的物体的运动。第 11 章可谓是整个第 1 编的高潮，其中的命题 66 是整部《原理》中最长的一个，它讨论了 3 个相互间都有吸引力作用的物体复杂的相互运动关系，推论多达 22 个，几乎讨论了地面物体的运动、各种天体的运动、天体轨道的运动、潮汐运动等所有形式，差不多可以认为它就是一部浓缩的《原理》。

第 12 章中再次出现了极为重要的内容。这一章的标题是"球体的吸引力"。在命题 76 的推论 3 和 4 中，我们看到了今天尽人皆知的万有引力定律的文字表述。这一定律还将在随后的论述中多次出现。在随后的第 13 章，牛顿把由典型的球形物体得出的引力规律进一步推广到一般的非球形物体。第 1 编的最后一章也是十分有趣的：牛顿讨论受指向极大物体各部分的向心力推动的极小物体的运动，其中还涉及光的传播等等。

第 2 编讨论"物体（在阻滞介质中）的运动"，论述了阻力下物体的运动，为流体力学开先河。在这一编里，牛顿进一步考察了各种形式的阻力对于运动的影响，讨论地面上各种实际存在的力与运动的情况。这个第 2 编或可看作是第 1 编的应用部分。

第 3 编当是《原理》中最为辉煌的篇章。它气势磅礴，美轮美奂。

在这一编中，牛顿详细地描绘了他的宇宙体系，用前两编中数学证明过的命题通过天文现象推演出使物体倾向于太阳和行星的重力，再运用其他数学命题由这些力推算出行星、彗星的运动以及地球上海洋的潮汐运动……为我们展现了一幅壮美的宇宙画卷。

在全书的最后，牛顿写下了一段著名的"总释"，集中表述了他对于宇宙间万事万物的运动的根本原因——万有引力——以及我们的宇宙为什么是一个这样优美的体系的总原因的看法，集中表达了他对于上帝的存在和本质的见解。

值得一提的是，牛顿在搭建自己的思想体系时，虽然仿照欧几里得的《几何原本》，但从没有忘记自己的使命是解释自然现象和运动的原因，没有把自己迷失在纯粹形式化的推理中。他是极为出色的数学家，在数学上有一系列一流的发明，不过在此书中他严格地把数学当作工具，只是在有需要时才带领读者稍微作一点数学上的远足。有证据表明，书中的许多论述，牛顿是通过自己发明的流数术得到的，但在写作《原理》时，牛顿换成了当时人们较为熟悉的几何作图与代数运算相结合的形式。此外，牛顿也丝毫没有沉醉于纯粹的哲学思辨。《原理》中所有的命题都来自现实世界，或是数学的，或是天文学的，或是物理学的，即牛顿所理解的自然哲学。

引 理 篇

在《原理》的第 1 章，牛顿借助于初量与终量的比值方法来证明下述的这些引理，由此为后面的命题证明提供了数学上的准备。

引理 1 量以及量的比值，在任何有限时间范围内连续地向着相等接近，而且在该时间终了前相互趋近，其差小于任意给定值，则最终必然相等。

引理 2 任意图形 $AacE$ 由直线 Aa、AE 和曲线 acE 组成，其上有任意多个长方形 Ab、Bc、Cd，等等，它们的底边 AB、BC、CD 等都相等，其边 Bb、Cc、Dd 等平行于图形的边 Aa，又作长方形 $aKbl$、$bLcm$、$cMdn$ 等：如果将长方形的宽缩小，使长方形的数目趋于无穷，则内切图形 $AKbLcMdD$、外切图形 $AalbmcndoE$ 和曲边图形 $AabcdE$ 将趋于相等，它们的极限比值是相等比值。

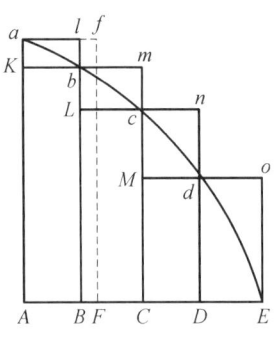

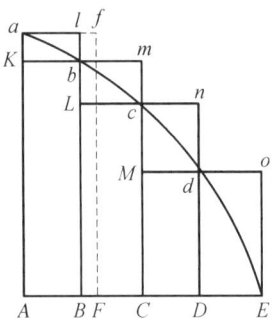

引理 3 矩形的宽 AB、BC、DC 等不相等时，只要它们都无限缩小，上述三图形的最终比值仍是相等比值。

推论 所以，这些最终图形（就其外周 acE 而言）不是直线图形，而是直线图形的曲线极限。

引理 4 如果在两个图形 $AacE$、$PprT$ 中有两组内切矩形（同前），每组数目相同，它们的宽趋于无穷小，如果一个图形内的矩形与另一图形的矩形分别对应的最终比值相同，则图形 $AacE$ 与 $PprT$ 的比值与该值相同。

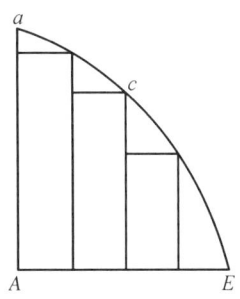 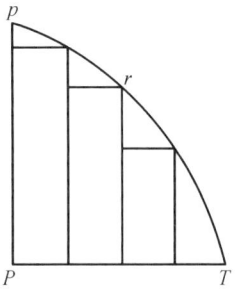

引理 5 相似图形对应的边，不论其是曲线或直线，是成正比的，其面积的比是对应边的比的平方。

引理 6 任意弧长 ACB 位置已定，对应的弦为 AB；在处于连续曲率中的任意点 A 上，有一直线 AD 与之相切，并向两侧延长；如果 A 点与 B 点相互趋近并重合，则弦与切线的夹角 BAD 将无穷变小，最终消失。

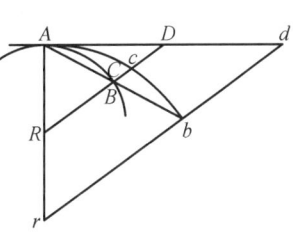

引理 7 在同样假设下，弧、弦和切线相互间的最后比值是相等比值。

推论 如果通过 B 和 A 作更多直线 BE、BD、AF、AG 与切线 AD 及其平行线 BF 相交，则所有横向线段 AD、AE、BF、BG，以及弦与弧 AB，其中任意一个与另一个的最终比值是相等的比值。

引理 8 如果直线 AR、BR 与弧 ACB、弦 AB 以及切线 AD 组成任意三角形 RAB、RACB、RAD，而且点 A 与 B 相互趋近并重合，则这些趋于零的三角形的最后形式是相似三角形，它们的最终比值相等。

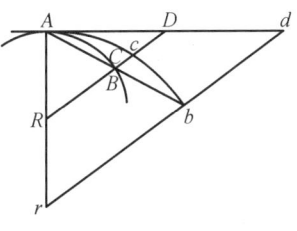

引理 9 如果直线 AE、曲线 ABC 两者位置均已给定，并以给定角相交于 A；另两条水平直线与该直线成给定夹角，并与曲线相交于 B、C，而 B、C 共同趋近于 A 并与之重合，则三角形 ABD 与 ACE 的最终面积之比是其对应边之比的平方。

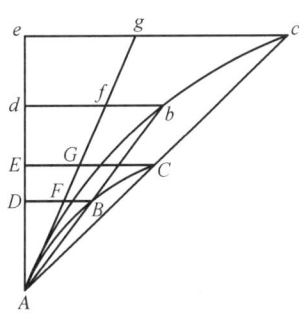

引理 10 物体受任意有限力作用时，不论该力是已知的不变的，或是连续增强或连续减弱，它越过的距离在运动刚开始时与时间的平方成正比。

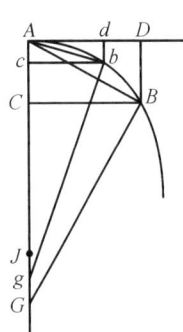

引理 11　在所有曲线的一有限曲率点上，切线与趋于零的弦的接触角的弦最终正比于相邻弧长对应的弦的平方。

推论 I　它们的平方最终还将正比于弧的正矢，该正矢等分弦，并向给定点收敛，因为这些正矢正比于角弦 BD、bd。

推论 II　所以，正矢正比于物体以给定速度沿轨迹运动所需时间的平方。

推论 III　因为 DB、db 最终平行，并正比于 AD、Ad 的平方，最后的曲线面积 ADB、Adb 将（由抛物线特性）是直线三角形 ADB、Adb 的三分之二，而缺块 AB、Ab 是同一三角形的三分之一，因此，这些面积与缺块将正比于切线 AD、Ad 的平方，也正比于弧或弦 AB、Ab 的立方。

引理 12　所有关于给定椭圆或双曲线共轭直径外切的平行四边形都相等。

一些命题的演绎证明

有了上述知识的准备之后，下面我们将呈现一些命题的证明。其中的内容都出自《原理》一书，不过有的地方稍作了些知识简化。

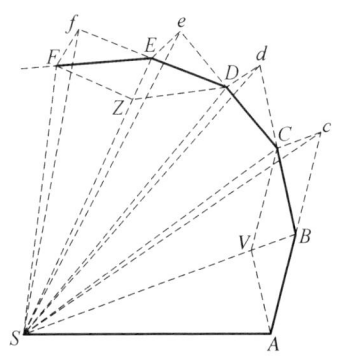

命题 5.1（《原理》第 2 章　命题 1 定理 1）　作环绕运动的物体，其指向力的不动中心的半径所掠过的面积位于同一不动的平面上，而且正比于画出该面积所用的时间。

证明：将时间分为相等的间隔，设在第一时间间隔里物体在其惯性力作用下扫过直线 AB。由定律 I 可知，在第二时间间隔里，物体将沿直线 Bc 一直运动到 c，如果没阻碍的话，Bc 等于 AB，所以由指向中心的半径 AS、BS、cS，可以得到相等的面积 ASB、BSc。但当物体到达 B 时，设向心力立即对它施以巨大推斥作用，使它偏离直线 Bc，迫使它沿直线 BC 运动。作 cC 平行 BS，与 BC 相交于 C，于是在第二时间间隔最后，物体将出现在 C，与三角形 ASB 处于同一平面，连接 SC，由于 SB 与 Cc 平行，三角形 SBC 面积等于三角形 SBc，所以也等于三角形 SAB。类似地，如果将向心力依次作用于 C、D、E 等点，并使物体在每一个时间间隔内画出直线 CD、DE、EF 等，它们都处于同一平面。而且三角形 SCD 等于三角形 SBC，SDE 等于 SCD，SEF 等于 SDE。所以，在相同时间里，在不动平面上画出相等面积，而且由命题，这些面积的任意的和 SADS、SAFS 都分别正比于它们的时间。现在，令这些三角形的数目增加，它们的底宽无限减少；由引理 3 及其推论可知，它们的边界 ADF 将成为一条曲线：所以向心力连续使物体偏离该曲线的切线；而且，任意扫出的面积 SADS、SAFS 原先是正比于扫出它们所用时间的，在此情形下仍正比于所用时间。

证毕。

这一命题蕴含着开普勒第二定律，即从太阳到行星的连线（即行星向径）在相等的时间内所扫过的面积相等。

命题 5.2 (《原理》第 2 章 命题 2 定理 2) 沿平面上任意曲线运动的物体，其半径指向静止的或做匀速直线运动的点，并且关于该点掠过的面积正比于时间，则该物体受到指向该点的向心力的作用。

证明：由定律 I 可知，任何沿曲线

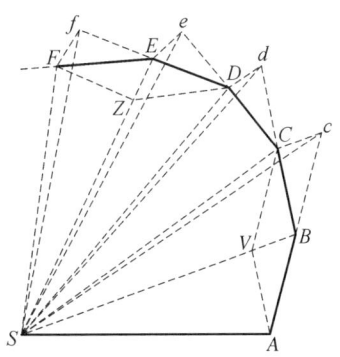

运动的物体都受到某种力的作用迫使它改变直线路径。已知这种迫使物体离开直线运动的力,在相等时间里,使物体画出最小的三角形 SAB、SBC、SCD 等等都是相等的,若关于不动点 S 作用于处所 B,则由欧几里得《几何原本》第一卷命题 40 和定律 II 可知,其方向沿着平行于 cC 的直线,即沿着直线 BS 的方向。而在处所 C,沿着平行于 dD 的直线的方向,即沿着直线 CS 的方向,等等;所以它总是沿着指向不动点 S 的方向。

证毕。

命题 5.3 (《原理》第 2 章 命题 4 定理 4) 沿不同圆周等速运动的若干物体的向心力,指向各自圆周的中心,它们之间的比,正比于等时间里掠过的弧长的平方,除以圆周的半径。

证明:由命题 5.1 和命题 5.2 可知,这些力指向各自圆周的中心,它们之间的比,如同等时间内掠过的最小弧长的正矢的比,而由引理 7 可知,此即正比于同一弧长的平方除以圆周的直径。由于这些弧长的比就是任意相等时间里所掠过的弧长的比,而直径的比就是半径的比,所以力正比于任意相同时间里掠过的弧长的平方除以圆周半径。

证毕。

推论 如果周期正比于半径的 3/2 次方,则向心力反比于半径的平方;反之亦然。

命题 5.4 (《原理》第 2 章 命题 6 定理 5) 在无阻力空间中,如果物体沿任意轨道环绕一不动中心运行,在最短时间里掠过极短弧长,该弧的正矢等分对应的弦,并通过力的中心;则弧中心的向心力正比于该正矢而反比于时间的平方。

证明:由命题 5.1 可知,给定时间的正矢正比于向心力,而弧长随时间的增加作相同比率的增加,因此由引理 11 及其推论可知,正矢将以该比率的平方增加,所以正比于力和时间的平方,两边同除以时间的平方,即得到力正比于正矢,反比于时间的平方。

证毕。

推论 I　如果物体 P 环绕中心 S 画出曲线 APQ,直线 ZPR 与该曲线在任意点 P 上相切,由曲线上另一任意点 Q 作平行于距离 SP 的直线,与切线相交于 R;再作 QT 垂直于距离 SP,则向心力将反比于 $\dfrac{SP^2 \cdot QT^2}{QR}$,如果该立体取点 P 点 Q 重合时的值的话。

推论 II　如果给定任意曲线图形 APQ,因而向心力连续指向的点 S 也给定,即可得到向心力定律:物体 P 受该定律支配连续偏离直线运动,维持在图形边缘上,通过连续环绕画出相同图形。即通过计算可以知道,立体 $SY^2 \cdot PV$ 反比于 QR 向心力。

作为命题 5.4 及其推论的一个应用,有如下的结论。

命题 5.5 (《原理》第 3 章　命题 11 问题 6)　物体沿椭圆运动,求指向椭圆焦点的向心力的规律。

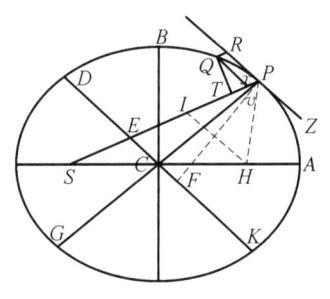

解:令 S 为椭圆一焦点,设 CA、CB 是椭圆的两个半轴,GP、DK 是其共轭直径,PF 垂直于 DK,Qv 是到直径 GP 的纵标线,SP 与 DK 相交于 E,与纵标线 Qv 相交于 x;画出平行四边形 QxPR,则 EP 等于长半轴 AC:这是因为,若由椭圆另一焦点 H 作 HI 平行于 EC,则经由 CS = CH 可知 ES = EI,于是 EP 是 PS 与 PI 的和的一半,即(因为 HI 与 PR 是平行线,角 IPR 与 HPZ 相等,可知 PH = PI)PS 与 PH 的和的一半,而 PS 与 PH 的和等于整个长轴 2AC。

作 QT 垂直于 SP,并令 L 为椭圆的通径 $\left(\text{此即 } L = \dfrac{2BC^2}{AC}\right)$,则有

$$(L \cdot QR) : (L \cdot Pv) = QR : Pv = PE : PC = AC : PC$$

以及

$$(L \cdot Pv) : (Gv \cdot Pv) = L : Gv \text{ 和 } (Gv \cdot Pv) : Qv^2 = PC^2 : CD^2,$$

再由引理 7 及其推论和引理 12 可知，当点 P 与 Q 重合时，有

$$Qv^2 : QT^2 = EP^2 : PF^2 = CA^2 : PF^2 = CD^2 : CB^2,$$

现将上述等式中对应项乘到一起并整理简化，即有

$$(L \cdot QR) : QT^2 = (AC \cdot L \cdot PC^2 \cdot CD^2) : (PC \cdot Gv \cdot CD^2 \cdot CB^2)$$
$$= 2PC : Gv,$$

其中用到了 $AC \cdot L = 2BC^2$。

注意到当点 P 与 Q 重合时，$2PC$ 与 Gv 相等，所以量 $L \cdot QR$ 与 QT^2 同它们成正比，而且相等。再将等式两边同乘 $\dfrac{SP^2}{QR}$，则可知

$$L \cdot SP^2 \text{ 将等于 } \frac{SP^2 \cdot QT^2}{QR},$$

所以由命题 5.4 和其推论可知，向心力反比于 $L \cdot SP^2$，即反比于距离 SP 的平方。

证毕。

注释 命题 5.5 的相关结论可以推广到抛物线和双曲线的情形，这正是《原理》第 3 章命题 12 和命题 13 所呈现的内容。在此基础上，我们有如下的推论：

推论（《原理》命题 13 推论 II） 如果物体在处所 P 的速度这样给定，使得在无限小的时间间隔里通过小线段 PR，而向心力在相同时间里使物体通过空间 QR，则物体沿圆锥曲线中的一条运动，其通径在小线段 PR、QR 无限减小的极限状态下为 $\dfrac{QT^2}{QR}$。

命题 5.6（《原理》第 3 章 命题 14 定理 6） 如果不同物体环绕公共中心运行，向心力都反比于其到该中心距离的平方，则它们的轨道的通径正比于物体到中心的半径在同一时间里所掠过的面积的平方。

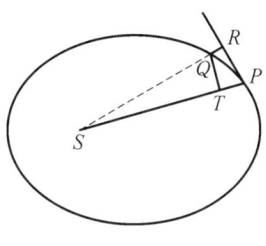

证明：由上面的命题 5.5 和其推论可知，通径 L 在点 P 与 Q 重合的极限状态下等于量 $\dfrac{QT^2}{QR}$。

而小线段 QR 在给定时间里正比于产生它的向心力，于是由假定条件反比于 SP^2。

所以 $\dfrac{QT^2}{QR}$ 正比于 $QT^2 \cdot SP^2$，即通径 L 正比于面积 $QT \cdot SP$ 的平方。

证毕。

命题 5.7（《原理》第 3 章 命题 15 定理 7） 在相同条件下，椭圆运动的周期正比于其长轴的 3/2 次方。

证明：因为短轴是长轴与通径的比例中项，因此长短轴的乘积等于通径的平方根与长轴的 3/2 次方的乘积。而由命题 5.6 可知，两轴的乘积正比于通径的平方根与周期的乘积，双边同除以通径的平方根即可知，长轴的 3/2 次方正比于周期。

证毕。

经由这个命题，我们或可以看到开普勒第三定律之所以正确的理由，如若在行星绕太阳的运动中，太阳对行星的作用力为向心力，且其大小与距离平方成反比的话。

两个命题的现代证明

如前所述，近代的科学革命是从哥白尼提出日心说开始的。作为哥白尼学说的积极拥护者，开普勒利用其老师、丹麦天文学家第谷长期积累的精密观测资料，再经过 20 年的奋斗，终于得到了以他名字命名的行星运动三大定律。开普勒的这些定律突破了几千年的传统观念，从根本上超越了古希腊天文学。

1. 牛顿对开普勒第二定律的分析

不过，在牛顿之前，开普勒的三大定律并未受到天文学家的普遍重视，最多也就是作为一家之言。正是牛顿的远见卓识从当时的天文学的众多学说中挑出了开普勒三大定律，并用微积分工具对它们进行了深入分析，告诉世人开普勒第二定律即等面积定律的价值在何

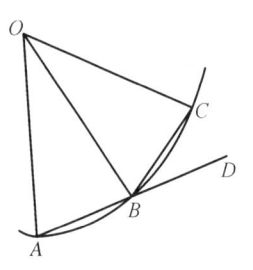

处——牛顿对此的回答是，开普勒第二定律表明行星受到来自太阳的引力作用。

下面我们将用现代微积分的知识来呈现这一结论的推导和证明。

为此将行星运动的轨迹记作平面上的向量值函数：

$$\boldsymbol{r}(t) = r(t)\cos\theta(t)\boldsymbol{i} + r(t)\sin\theta(t)\boldsymbol{j}, \tag{5.1}$$

其中等式右边的 $r(t)$ 和 $\theta(t)$ 都是时间 t 的标量函数。

现将 $\boldsymbol{r}(t)$ 关于 t 求导两次，即可得到其加速度向量为

$$\boldsymbol{a}(t) = \frac{\mathrm{d}^2\boldsymbol{r}}{\mathrm{d}t^2} = (r''\cos\theta - 2r'\theta'\sin\theta - r\theta'^2\cos\theta - r\theta''\sin\theta)\boldsymbol{i}$$

$$+ (r''\sin\theta + 2r'\theta'\cos\theta - r\theta'^2\sin\theta + r\theta''\cos\theta)\boldsymbol{j}, \tag{5.2}$$

乍一看，这个表达式看上去有点复杂，于是为简单起见，可引入两个单位向量，即矢径方向的单位向量和与之正交的单位向量：

$$\boldsymbol{e}_r = \cos\theta\boldsymbol{i} + \sin\theta\boldsymbol{j}, \quad \boldsymbol{e}_n = -\sin\theta\boldsymbol{i} + \cos\theta\boldsymbol{j},$$

于是（5.2）可以被改写为

$$\boldsymbol{a}(t) = (r'' - r\theta'^2)\boldsymbol{e}_r + (2r'\theta' + r\theta'')\boldsymbol{e}_n, \tag{5.3}$$

现在再关注开普勒第二定律,即从太阳到行星的矢径在相等的时间内扫过的面积相等。若将矢径角度为零开始到角度为 θ 时所扫过的面积记为 $A(\theta)$,则在极坐标下,其面积计算公式形如:

$$A(\theta) = \frac{1}{2}\int_0^\theta r^2(\tau)\,\mathrm{d}\tau。$$

由开普勒第二定律(面积定律),将上式对 t 求导应当为常数,于是有

$$\frac{\mathrm{d}A}{\mathrm{d}t} = \frac{\mathrm{d}A}{\mathrm{d}\theta}\cdot\frac{\mathrm{d}\theta}{\mathrm{d}t} = \frac{1}{2}r^2\theta' = \mathrm{const}, \tag{5.4}$$

对最后一个等式再求导一次,并化简可得

$$r'\theta' + \frac{1}{2}r\theta'' = 0。 \tag{5.5}$$

再将这个关系式代入加速度公式(5.3)中,我们有

$$\boldsymbol{a}(t) = (r'' - r\theta'^2)\boldsymbol{e}_r。$$

这就证明了,加速度 $\boldsymbol{a}(t)$ 与矢径 $\boldsymbol{r}$ 的方向相同。

再应用牛顿的力学第二定律可知,太阳对行星的作用力为

$$\boldsymbol{F} = m\boldsymbol{a} = m(r'' - r\theta'^2)\boldsymbol{e}_r, \tag{5.6}$$

其中 m 为行星的质量。

从(5.6)可见力的方向与矢径共线。反之,在这个前提下可见加速度公式(5.3)中第二项 $\boldsymbol{e}_n$ 的系数为 0,这就是(5.5),积分后即可得开普勒的等面积定律。

2. 从开普勒三定律到牛顿的万有引力定律

经由开普勒的第一定律,行星绕太阳的轨迹是椭圆,而太阳处在

椭圆的一个焦点上。为证明简单记，将太阳的位置设为原点，且将椭圆用极坐标方程加以表示，可写为

$$r = \frac{p}{1 - \varepsilon \cos\theta}, \quad 0 < \varepsilon < 1, \tag{5.7}$$

这里，若记 a、b 为椭圆标准方程的长、短半轴，$0 < b < a$，$c = \sqrt{a^2 - b^2}$，则有

$$\varepsilon = \frac{c}{a} \text{ 为偏心率}, \quad p = \frac{b^2}{a} \text{ 为焦参数。}$$

将方程（5.7）加以改写，即为

$$p = r(1 - \varepsilon \cos\theta)。$$

若将上式两边求导，可得

$$0 = r'(1 - \varepsilon \cos\theta) + r\varepsilon\theta'\sin\theta,$$

再一次求导，可知有

$$0 = r''(1 - \varepsilon \cos\theta) + 2\varepsilon r'\theta'\sin\theta + r\varepsilon\theta'^2\cos\theta + r\varepsilon\theta''\sin\theta,$$

利用关系式（5.5）可见上式右边第二项与第四项之和为 0，因此我们有

$$0 = r''(1 - \varepsilon \cos\theta) + r\varepsilon\theta'^2\cos\theta,$$

因此有

$$r'' - r\theta'^2 = \frac{-r\varepsilon\theta'^2\cos\theta - r\theta'^2 + r\varepsilon\theta'^2\cos\theta}{1 - \varepsilon\cos\theta} = -\frac{r\theta'^2}{1 - \varepsilon\cos\theta}$$

$$= -\frac{r^2\theta'^2}{p} = -\frac{a}{b^2}r^2\theta'^2,$$

若将此结果代入力 $\boldsymbol{F}$ 的表达式（5.6）中，即有

$$F = -\frac{ma}{b^2}r^2\theta'^2 e_r.$$

由此可见，太阳对于行星的作用力是向心力。

再应用开普勒第二定律导出的 $r^2\theta' = \text{const}$，可以将力 F 的表达式改写为

$$F = -\frac{ma}{b^2}r^2\theta'^2 e_r = -\frac{m}{r^2} \cdot \frac{a}{b^2}(r^2\theta')^2 e_r, \tag{5.8}$$

经由此可知，行星运动在轨道上各点所受的力与距离平方成反比。

由开普勒第一定律、开普勒第三定律可知（此即第三定律的数学形式）：

$$\frac{T_1^2}{a_1^3} = \frac{T_2^2}{a_2^3} = \cdots = k,$$

其中 T_i 和 a_i 为第 i 个行星的周期和长半轴，k 在太阳系内为常数。

注意到椭圆的面积为 πab，且已知有 $\frac{dA}{dt} = \frac{1}{2}r^2\theta' = \text{const}$，即可计算出周期为

$$T = \frac{\pi ab}{\frac{dA}{dt}} = \frac{\pi ab}{\frac{1}{2}r^2\theta'},$$

再代入上面的表示式中，即有

$$k = \frac{T^2}{a^3} = \frac{\pi^2 a^2 b^2}{\frac{1}{4}(r^2\theta')^2} \cdot \frac{1}{a^3} = \frac{4\pi^2 b^2}{a(r^2\theta')^2},$$

最后将这些结果代入力 F 的表达式（5.8）中，我们有

$$F = -\frac{m}{r^2} \cdot \frac{a}{b^2}(r^2\theta')^2 e_r = -\frac{m}{r^2} \cdot \frac{4\pi^2}{k} e_r.$$

这即是说，在行星绕太阳的运动中太阳对行星的作用力为向心力，其大小与距离平方成反比，其中的系数与行星的质量成正比。

若再结合他最富有创新性的力学运动第三定律，即作用力与反作用力定律，牛顿为世人带来了我们所熟悉的万有引力定律的如下形式：

$$F = -\frac{GMm}{r^2}e_r,$$

其中 G 称为万有引力常量。

从开普勒的三大定律到牛顿发现万有引力定律，在人类文明史上，这是一件里程碑式的科学事件。牛顿的工作统一了地上和天上的规律。而《自然哲学之数学原理》一书的发表，则向世人宣告，科学的真理地位在数学的基础上得到了确立。从牛顿开始，人类的文明进入了理性时代。如今，当我们追溯这一伟大的科学故事之源起，当感谢那一部数学哲学的诗篇——《几何原本》！

思考题

1. 通过有选择地阅读牛顿的《自然哲学之数学原理》这一部分内容赋予你怎样的收获和启迪？请以此为主题写一篇课后感。

2. 请阅读一部与你的专业相关的经典名著，并以此为例来进一步阐述《几何原本》在其他人类学科的模板之用，以及它的重要价值。

第六章

现代数学的新发展

《几何原本》是一部划时代的数学巨著。它集古希腊的数学成果和精神于一书。作为用公理化方法建立科学演绎体系的最早典范,自其问世之日起,在长达2 000多年的时间里,《几何原本》对西方数学科学产生了最为深远的影响。不管是非欧几何的诞生、微积分的创始,还是实数理论的奠基,现代数学的每一个重要的发展,或多或少都可以从此书中找寻到其哲思的源踪。

下面我们将主要通过如下三方面比较具体地谈谈《几何原本》对现代数学的影响力。

新几何,新世界

在他那本不朽的巨著《几何原本》里,欧几里得以5条公设、5条公理为起点,经过完美、严谨的逻辑推理方法,证明和推演出众多命题,将人类的理性之美展现到了极致。不管是公设、公理还是命题,书中的这些数学真理富有吸引力，立刻被学者们广泛地接受。许多世纪以来，人们将欧几里得的几何演绎体系当作是神圣不可侵犯的科学圣物，在众多学者看来，欧氏几何是真理，真理就是欧氏几何。尽管有这样让人羡慕的赞赏与评价，但自其诞生之日起，欧氏几何学中的一些内容——最主要的是第5公设的论述——让不少学者困惑不已，其中或许也包括欧几里得自己。

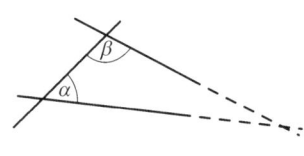

欧几里得第5公设　在同一平面内有一条直线和另外两条直线相交，若在直线同侧的两个内角之和小于两直角，则这两条直线经无限延长后在这一侧相交。

《几何原本》中的前4条公设不证自明，简洁而优美。相比而言，欧几里得第5公设的语言表述烦琐冗长，缺少公设或者公理应有的那种不证自明的味道，总让人觉得有某些不尽如人意的遗憾。特别是在第5公设的叙述中还隐含有直线可以无限延长的含义，这一点亦让人感到忐忑不安。

此外，有些数学家还注意到，在《几何原本》长达13卷的鸿篇巨制中，直到命题29才用到了第5公设，且此后再也没有直接使用。因此长期以来，欧几里得第5公设成为众多数学家和哲学家怀疑的对象。比如古希腊数学家普罗克洛斯（Proclus，公元5世纪）曾如是说："这个公理完全应从全部公理中剔除出去，因为它是一个包含许多困难的定理。"

或许是出于对柏拉图哲学的领悟，或是出于对欧氏几何体系的爱护，人们一直都希望能对欧几里得第5公设进行证明，将其从公设中去掉而成为一个定理。于是从公元前300年到公元1800年的这2 000多年的时间里，有众多学者为"推证"第5公设进行了不懈的努力，哲学家、神学家希望能由此进一步完善欧氏几何的理想化地位，而数学家则希望能使几何的逻辑演绎体系更加完美。然而，在漫长的岁月中，尽管这些学者们使用了不同的方法，结果却都没能获得成功。直到最后迎来了一门新几何——非欧几何——的诞生！

在历史上，第一个证明第 5 公设的重大尝试是古希腊数学家、天文学家托勒密（Claudius Ptolemaeus，约 90—168）作出的，后来普罗克洛斯指出托勒密的"证明"无意中用到了一个需要证明的假定——其等价于第 5 公设。

相传普罗克洛斯亦曾提出一个关于第 5 公设的"证明"。他的这个"证明"从推理过程看倒是流畅得很，看似没有什么自相矛盾的地方。不过当人们再三审读之后，发现其所引用的论据中，有一条断言超出允许范围。进一步的研究发现，这条新的假设：两平行直线间的距离是有限的——与欧几里得第 5 公设是等价的。

在各种与欧几里得第 5 公设相等价的断语中，有一条流传最广，这就是我们在中学时代即相识的平行公理：

在平面上，过直线外一点有且只有一条直线与已知直线平行。

这条公理现以"普莱费尔公理"著称，它由苏格兰数学家普莱费尔（John Playfair，1748—1819）在 1795 年的一篇关于《几何原本》的著名评注而闻名于数学的江湖，尽管早在公元 5 世纪，普罗克洛斯即描述过它。

英国数学家沃利斯（John Wallis，1616—1703）在试图证明欧几里得第 5 公设的过程中，也引进过一个与其等价的假设：

对于任意三角形，存在一个与它相似的三角形——且相似比可以等于任意给定的值。

除了上面提到的这些命题，还有诸多与欧几里得第 5 公设等价的命题，比如：

    1. 存在两个不全等但各角对应相等的三角形；
    2. 若四边形有三个角是直角，则第四角也是直角；
    3. 任一三角形的内角之和为两直角。

自欧几里得时代开始，在漫漫 2 000 多年岁月的数学寻觅中，许多富有想象力和创造力的数学家得到了不少副产品。其中最接近几何学新世界的或许是意大利数学家、哲学家萨开里（Giovanni Saccheri, 1667—1733），他很有耐心地用反证法来证明欧几里得第 5 公设，为此假设第 5 公设不对，希望经由《几何原本》中的另外 4 个公设以及 5 个公理，再加上前 28 个命题推出矛盾来，可是沿着这条思路推证下去，尽管可以导出许多新奇古怪的结论，却找不到自相矛盾的地方。

在此过程中，萨开里考虑和关注这样的四边形：

如图，其中∠A 和∠B 都是直角，且 AD=BC。

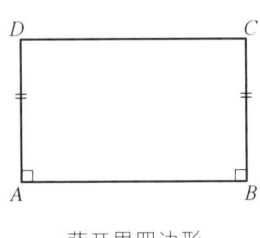

萨开里四边形

经由逻辑推理之后，他得到如下的三种可能：

    1. ∠C 和∠D 都是直角（直角假设）；
    2. ∠C 和∠D 都是钝角（钝角假设）；
    3. ∠C 和∠D 都是锐角（锐角假设）。

其中的直角假设与欧几里得第 5 公设等价。

萨开里假设直角假设不成立，希望经由此可以推出矛盾。萨开里很快否定了钝角假设，但是转向锐角假设时，问题却变得很是棘手，他推出了一些难以置信的结果。比如说，他证明了如果锐角假设成立，那么对于平面上的一条直

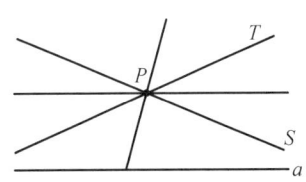

线 a 和直线外一点 P，过点 P 的直线可分为两类：一类与直线 a 有公共点，另一类与直线 a 没有公共点。后一类直线中包含两类的分界直线 PS 和 PT，它们都是直线 a 的渐近线。

这一结论从逻辑上挑不出什么毛病，却与人们的生活经验格格不入。萨开里还得到，若锐角假设成立，则三角形的面积将与其内角和不是二直角的部分成正比。由此后面的结果简直令人难以想象。尽管对于许多类似的结果都没有导出逻辑矛盾，可是萨开里觉得所得到的这些结论与人们的经验不相容，由此断言锐角假设也不能成立！他还于 1733 年出版了一部著作叫作《欧几里得无懈可击》。

有意思的是，萨开里的这部书籍并非无懈可击。因为他已经在锐角假设之下得到了一系列有价值的定理，这些定理属于一种新的几何学——在添加锐角假设后展现的这一新几何，就是后来数学家们笔下的非欧几何。

萨开里可谓是新几何学的第一位先行者。随后的先行者还有兰伯特（L. H. Lambert，1728—1777），施魏卡特（F. K. Schweikart，1780—1859）和陶里努斯（F. A. Taurinus，1794—1874）。

瑞士数学家兰伯特所做的工作与萨开里相似，他也考察了一类四边形，其中 3 个角为直角，而第四个角从逻辑上可有 3 种假定：直角、钝角和锐角。兰伯特注意到，直角假定等价于欧几里得第 5 公设；钝角假定虽然与《几何原本》中的其他公设和公理相矛盾，但从中导出的一些结论却与球面几何学的定理相一致；对于从锐角假定导出的结论，他猜想可应用于虚半径球面上的图形。在兰伯特看来，只要一种假定不会导致逻辑的矛盾，即可以提供一种可能的新几何。兰伯特的这一数学观点无疑是十分先进的，能够适用于真实图形的是一种特殊的几何，这并不妨碍去发展逻辑上可能的各种几何。施魏卡特区分了两类几何学——欧氏几何与假设三角形三内角之和不是两直角的几何，他将新几何称为星空几何,因为他觉得这种几何可能在星空内成立。陶里努斯证明了,虚半径球面上成立的公式和星空几何中的相同。

令人遗憾的是,这些先行者都没有正式提出一种新几何并建立其系统的理论,他们离非欧几何的确立还有一步之遥。

一般认为,这种与欧几里得几何学相对立的新几何学——非欧几何是由 3 个人独立地建立的,这 3 个人是:高斯(1777—1855)、俄罗斯数学家罗巴切夫斯基(Nikolas Ivanovich Lobachevsky,1792—1856)和匈牙利数学家亚诺什·鲍耶(János Bolyai,1802—1860)。

高斯

罗巴切夫斯基

亚诺什·鲍耶

最早研究这种新几何学的是高斯。作为能与阿基米德和牛顿并驾齐驱的数学巨匠,高斯深信这种新几何在逻辑上是相容的(现在流行的术语"非欧几里得几何学"起源于高斯)。在他看来,欧几里得第 5 公设不能从《几何原本》的其他公设、公理导出,并且认为不能证明现实世界的几何一定是欧几里得几何。

相关平行线公理的这一问题最先引起高斯注意时,他还只是一名少年。开始,他希望用一条更加简单的公理取代第 5 公设而辛勤工作,然而他失败了。随后,他沿着萨开里的思路,选择一条与欧几里得几何相矛盾的平行线公理——本质上是萨开里的锐角假设——从这条公设和欧几里得的其他9条公理公设出发，高斯推出了一系列有趣的结论。不过，高斯没有被这些奇怪的定理所吓住，而是迎难而上。于是他得出了一个全新的、令人惊奇的结论——确实能够存在类似于欧氏几何的其他几何。

高斯具有创立非欧几何的智慧，但却没有勇气面对那些乌合之众。因为19世纪早期的科学家们生活在伟大的哲学家康德的阴影之中，康德曾宣称，统治知识世界的只能是欧氏几何。或许正因为如此，人们在高斯去世后才在其未发表论文中找到关于非欧几何的研究成果。

第一位公开发表论文并从整体上阐述这门新几何的人，则是富有天才的罗巴切夫斯基。他于1792年出生于一个贫穷的俄罗斯家庭。1807年进入喀山大学，1811年获得物理数学硕士学位，并留校工作。1815年，23岁的罗巴切夫斯基也被欧几里得第5公设所吸引，开始研究相关的平行线公理问题。1826年2月11日，罗巴切夫斯基在喀山大学数学物理系的学术讨论会上作了题为《关于几何原理的扼要叙述及平行线定理的一个严格证明》的报告，宣读了他的关于新几何的论文，但这篇革命性的论文没有被理解而未予通过。3年后，他将这一卓越发现写进了题为《论几何学原理》的论文里，并在《喀山大学通报》上发表。尽管他的论文没有得到其他数学家的反响，然而罗巴切夫斯基毫不气馁，仍然坚持研究新几何学，后来他又用法文发表了《虚几何学》（1837），用德文写了《平行线理论的几何研究》（1840）。最后一本用俄、法两种文字写的《泛几何学》，在他逝世前一年即1855年发表。

为了致敬与感谢在孤境中奋斗终生的罗巴切夫斯基开创了数学的这样一个新领域，人们将这门新几何称为罗巴切夫斯基几何（简称为罗氏几何）。1871年德国数学家克莱因（F. C. Klein，1849—1925）将其改称为双曲几何，一直沿用至今。在罗巴切夫斯基所发现的这门新几何学中，欧几里得第5公设的表述被改变为如下的形式：在平面上给定一条直线和不在直线上的一点，经过这个点至少可以作两条直线与已知直线平行。罗氏几何还有一项非常不同于欧氏几何的内容，这就是，三角形的内角之和总是小于180°。

非欧几何的第三位发现者是亚诺什·鲍耶。或多或少由于其数学家父亲沃尔夫冈·鲍耶（Wolfgang Farkas Bolyai，1775—1856）的鼓励和影响，亚诺什在青年时代开始关注平行线公理问题。出于年轻人特有的激情，他在1823年给其父亲的信中如此写道：

> 我发现了一些东西，它们太优美了，这让我惊讶不已，但同时又让我情不自禁地为它们着迷……我想我已经从一片虚无中创造了一个全新的世界。

两年后，亚诺什已经完成了他的研究，并准备让他的父亲看看他关于这门新几何的理论著作草稿初案。尽管年轻的小鲍耶兴高采烈，可是他的父亲却不能确定这种理论的正确性。不过，沃尔夫冈·鲍耶还是决定把亚诺什的新几何学作为他本人之新著的附录一道出版。书于1831年出版后，沃尔夫冈送给了他的朋友、大数学家高斯一本。1832年3月6日，高斯给沃尔夫冈·鲍耶回了信，不过他的评论与年轻的亚诺什所期望的并不完全一样。高斯一方面称赞小鲍耶"有极高的天才"，但他又说"称赞他等于称赞自己，因为他所采用的方法和获得的结果，跟我20年前的想法不谋而合"。虽然沃尔夫冈对高斯给予他的孩子的赞扬非常满意，可是亚诺什却因为自己的研究与高斯的思想几乎完全相同而备受打击，从此之后变得非常消沉，最后在孤独与苦闷中度过了他的后半生。

在高斯、罗巴切夫斯基和亚诺什·鲍耶之前，欧几里得几何学被看作是唯一正确、不可动摇的空间描述。可是由于罗氏几何（或曰双曲几何）的发现，打破了欧氏几何一统空间的观念，促进了人类对几何学的进一步探索。

1854年6月10日，高斯的得意门生、才华横溢的德国数学家黎曼，在格丁根大学做了一场闪耀着天才思想火花的演讲（这篇讲演稿多年后以《关于作为几何学基础的假设》为题出版），在那演讲中，他对所有已知的几何，包括刚刚诞生的双曲几何作出了纵贯古今的概要，并提出一种新的几何体系——这种几何学现以黎曼几何著称。在这篇演说中，黎曼将曲面本身看作是一个独立的几何实体，而不是把它仅仅看成欧几里得空间中的一个几何实体。他因此首先发展了空间的概念，提出了几何学研究的对象应是一种"多重广延量"，而空间中的点可用 n 个实数（$x_1, x_2, \cdots, x_n$）作为坐标来描述。这是现代 n 维微分流形的原始形式，为用抽象空间描述自然现象奠定了基础。

黎曼的研究导致一种既不同于欧氏几何、也不同于罗氏几何的新几何学的诞生。在这种新的几何体系里，平行线是不存在的："在一个平面上过已知直线外一点的所有直线，都与这一直线相交"，若用上述命题作为公理来代替欧几里得第 5 公设，将可以推出"三角形内角之和大于 180°"的奇特结论。

无论是罗氏几何，还是黎曼几何的诞生，都不是一帆风顺的。这些数学先行者的天才思想，似乎远远超越于那个时代，以至于"知音少，弦断何人听"。

1868 年，意大利数学家贝尔特拉米（E. Beltrami，1835—1899）利用当时微分几何的最新研究成果，找到了一种所谓的"伪球面"，并在其上实现了罗氏几何的平行公理假设后，罗氏几何才从"想象的几何"成为和欧氏几何一样现实的几何。直到这时，长期无人问津的非欧几何才渐渐获得学术界的普遍关注和一致赞美。

1870 年，F. 克莱因也给出了罗氏几何的一个模型，呈现了另一种现实的解析。此外，克莱因还借助于变换群的观点统一了各种几何学。在此意义下，他把欧氏几何称为"抛物几何"，因为其中的直线有一个无穷远点；把罗氏几何称为"双曲几何"，因为其中的直线有两个无穷

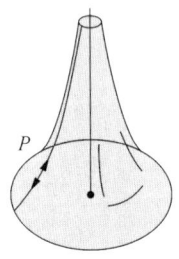 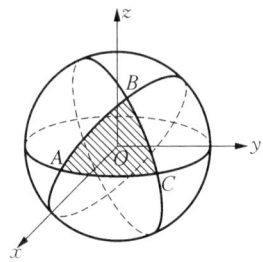

贝尔特拉米伪球面　　　　　　黎曼几何的球面表示

远点;而把黎曼几何称为"椭圆几何",因为其中的直线没有无穷远点。值得一提的是,黎曼几何可以在球面上实现。

下面让我们来比较出现在 3 种几何里的让人惊奇的一些结论:

1. 三角形的内角之和

在欧氏几何里,三角形的内角之和等于 180°;

在双曲几何里,三角形的内角之和小于 180°;

在椭圆几何里,三角形的内角之和大于 180°。

2. 正弦定理

设 α、β、γ 是三角形的 3 个内角,a、b、c 分别是对边的边长,则有如下结论。

(1) 欧氏几何中的正弦定理:

$$\frac{a}{\sin \alpha} = \frac{b}{\sin \beta} = \frac{c}{\sin \gamma},$$

(2) 椭圆几何中的正弦定理:

$$\frac{\sin a}{\sin \alpha} = \frac{\sin b}{\sin \beta} = \frac{\sin c}{\sin \gamma},$$

(3) 双曲几何中的正弦定理:

$$\frac{\sinh a}{\sin \alpha} = \frac{\sinh b}{\sin \beta} = \frac{\sinh c}{\sin \gamma},$$

其中双曲正弦函数 $\sinh x := (e^x - e^{-x})/2$。

3. 余弦定理

设 α、β、γ 是三角形的 3 个内角，a、b、c 分别是对边的边长，则有如下结论。

（1）欧氏几何中的余弦定理：

$$c^2 = a^2 + b^2 - 2ab\cos\gamma,$$

（2）椭圆几何中的余弦定理：

$$\cos c = \cos a\cos b + \sin a\sin b\cos\gamma,$$

（3）双曲几何中的余弦定理：

$\cosh c = \cosh a\cosh b - \sinh a\sinh b\cos\gamma$（第Ⅰ余弦定理）；

$\cos\gamma = -\cos\alpha\cos\beta + \sin\alpha\sin\beta\cosh c$（第Ⅱ余弦定理）；

其中双曲余弦函数 $\cosh x := (e^x + e^{-x})/2$。

非欧几何的创立，是自古希腊时代以来数学中的一次伟大革新。著名数学史与数学教育家 M. 克莱因（M. Kline）在评价这一段历史的时候曾如是说：

> 非欧几何的历史以惊人的形式说明数学家受其时代精神影响的程度是那么厉害，当时萨开里曾拒绝过非欧几何的奇异定理，并且断定欧氏几何是唯一正确的。但在一百年后，高斯、罗巴切夫斯基和亚诺什满怀信心地接受了新几何。

非欧几何的创立，完美地解决了由欧几里得第 5 公设引发的平行公理的独立性问题。由此推动了一般公理体系的独立性、相容性、完备性问题的研究，促进了诸多数学分支的形成与发展：数的概念、分析基础、数学基础、数理逻辑等，公理化方法因此获得进一步的完善，成为现代数学的重要方法之一。

非欧几何的创立，使得几何学的研究冲出欧几里得体系的藩篱，走向无限广阔的原野。它的出现，对于人们的空间观念产生了极其深远的影响。它扩大了几何学研究的对象，使几何学的研究对象由图形的性质进入到抽象空间，即更一般的空间形式，使得几何的发展由原来的以直观为基础的时代进入了一个以理性为基础的新时代。而这种观念的变化，亦推动着现代物理学以及其他自然科学和哲学的发展。

非欧几何的创立，让人们意识到数学空间与物理空间的不同，数学是人类精神的创造物，而不是对客观现实世界的直接临摹。尽管这样或多或少让数学丧失了对现实的确定性，不过却使数学获得了极大的自由，同时也让数学从自然界中解脱出来，继续着它自己的行程。恰如伟大数学家、被誉为"现代集合论之父"的康托尔所说：数学的本质在于它的自由。正因为如此，人类探索知识、建立理论的数学活动才永无止境。

从一些经典的尺规作图问题谈起

在本书的开篇谈到过古希腊三大几何作图问题，这3个著名的数学难题说的是：

1. 化圆为方，即作一个正方形要求它与所给定的圆面积相等；
2. 倍立方体，即求作一立方体，使得其体积等于已知立方体的两倍；
3. 三等分角，即将任意角三等分。

由于希腊人限制了作图工具，即只能使用圆规与直尺，使得这些问题变得难以解决而富有理论魅力。尺规作图的规定或来自古希腊的柏拉图学派。他们相信经由直线和圆可构绘出各种有趣的几何图形。这里的"直尺"是一种没有刻度的工具，由它只可以让笔摹下这条直线的全部或一部分。而通过圆规，我们只可作出圆或者圆的一部分——圆弧。所谓尺规作图，则是通过下面的5种步骤的有限回合的重复，实现所预定的几何图形的作图：

  通过两个已知点，可作一直线。
  已知圆心和半径，可作一个圆。
  若两已知直线相交，则可确定其交点。
  若已知直线和一已知圆相交，确定其交点。
  若两已知圆相交，确定其交点。

  这些问题出现后，吸引了许多数学家的研究热情。比如古希腊数学家狄奥克莱斯（Diocles，公元前 2 世纪）曾利用蔓叶线来解决立方倍积问题，而差不多同一时期的数学家尼科梅德斯（Nicomedes）则利用蚌线来研究三等分角问题。但这都不是尺规作图。

  在古希腊三大几何作图问题中，化圆为方是最具魅力的，它很早就出现在数学的历史长河中，在公元前 5 世纪后半叶的雅典，其已是广为流传、众人皆知了。

  与这一问题相关的第一人或是古希腊数学家阿那克萨戈拉（Anaxagoras，约前 500—前 428）。阿那克萨戈拉是古希腊爱奥尼亚学派的代表人物之一，正是他首先把哲学带到雅典，影响了苏格拉底的思想。在这位古希腊先哲的传奇里，记载着他为献身科学而放弃财产，因天体学说而身陷囹圄的故事，可是他在铁窗里依然醉心于"化圆为方"这一问题的研究。"人生的意义在于研究日、月、天。"阿那克萨戈拉曾如是说。

与阿氏同时代的数学家希波克拉底（Hippocrates of Chios，约前 470—前 410）为此开辟了弓月形问题的研究，希望由此实现"化圆为方"。虽然他的这一数学梦想未能成真，却收获了诸多相关于弓月形的数学"惊喜"：比如其中有一个著名定理说的是：

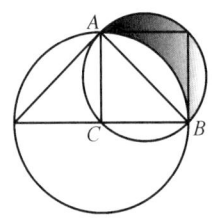

图中阴影部分弓月形的面积等于直角三角形 ABC 的面积。

在化圆为方的历史之旅上，留下有众多数学家的足迹。这其中的著名人物包含安提丰（Antiphon，苏格拉底时代的数学家）、阿基米德（Archimedes，前 287—前 212）、阿波罗尼奥斯（Apollonius，约前 262—前 190）等。

相传在文艺复兴时期，意大利著名艺术大师达·芬奇（Leonardo da Vinci，1452—1519）亦曾为"化圆为方"问题所吸引，并试图用如下的奇妙方法来解决问题：他以半径为 R 的圆为底，作高为 $R/2$ 的圆柱，然后将圆柱在平面上滚动一周，得一矩形，再将矩形化方，即完成"化圆为方"。当然这并不是希腊人约束下的"化圆为方"问题真正的解。

在化圆为方之旅上，我们不可不提一个人——苏格兰数学家詹姆斯·格雷戈里（James Gregory，1638—1675）。在他 1667 年的一篇论文中，格雷戈里尝试用阿基米德的方法来证明化圆为方问题是不可能的。尽管他的证明后来被证明是错的，但他的这一努力在数学史上依然意义非凡：正是上面的这一论文第一次开启了借助于圆周率 π 的代数性质来解决化圆为方问题的"诗篇"……

当历史的鸿篇翻到 17 世纪的欧洲，因为解析几何的发明，尺规作图问题从原来的几何问题被转化成了代数问题。且让我们看看这些问题新的脸谱。

我们知道，经由尺规约束的一切作图，归根到底都取决于下面的三点：

求两圆的交点；

求一直线与一个圆的交点；

求两直线的交点。

那么，通过直尺和圆规作图究竟可以走多远呢？

若在平面上设定有一个单位长 1，那么长为 a、b（其中最初的 a、b 为整数）的两条线段，经过有限次的四则运算和开平方，都是可以用直尺和圆规作出的，不妨看一看下面的图。

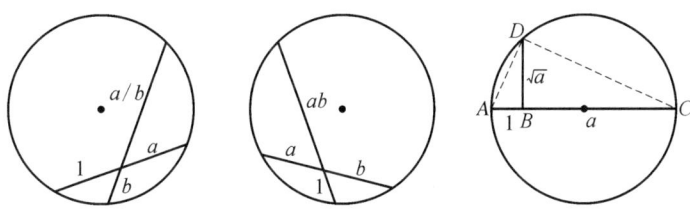

由相交弦定理，上面的图（左中两个）告诉我们经由最初的整数开篇，尺规作图在有限回合的四则运算下都是可以的。因而所有的有理数（长度）都可由尺规作出。而上图右则告诉说，形如 $\sqrt{a}$（其中 a 是正整数，这是图中的 $BD = \sqrt{a}$）可尺规作出。

注意到在笛卡儿的坐标平面上，直线和圆方程分别可表示为

$$ax + by + c = 0 \text{ 和 } x^2 + y^2 + dx + ey + f = 0,$$

于是若某线段可以用直尺和圆规作出来，那么这条线段的两端势必是直线与直线，或者是直线与圆，或者是圆与圆的交点。这即是说，它的坐标由如下的 3 类方程组来确定：

$$\begin{cases} a_1 x + b_1 y + c_1 = 0 \\ a_2 x + b_2 y + c_2 = 0 \end{cases} \quad \text{直线与直线的交}$$

$$\begin{cases} ax + by + c = 0 \\ x^2 + y^2 + dx + ey + f = 0 \end{cases} \quad \text{直线与圆的交}$$

$$\begin{cases} x^2 + y^2 + d_1 x + e_1 y + f_1 = 0 \\ x^2 + y^2 + d_2 x + e_2 y + f_2 = 0 \end{cases} \quad \text{圆与圆的交}$$

代数学的相关知识告诉我们：上面这些方程组的解，都可以由系数经过有限次的加减乘除和开平方求得。于是，若最初的这些系数都是有理数的话，则我们得到的交点坐标都将是形如 $\sqrt{a+b\sqrt{c}}$ 和 $\sqrt{d\sqrt{e}+f\sqrt{c}}$（其中 a，b，$c \in \mathbf{Q}$）的数。归纳地，有限回合的尺规作图后的交点坐标将是这类经过开平方后得到的式子的有限层根式重叠。

于是借助于代数学的力量，尺规作图的问题可转化为：一条线段（或相应的端点）可用尺规作出，则其是已知线段的有限层根式重叠。反之，如果一条线段（或者其相应的端点）能表示为已知线段的有限层根式重叠，则其可以经由直尺和圆规作出。

若由现代数学中的伽罗瓦理论的语言，对如上的任何一个可用尺规作出的交点 $A(a, b)$，我们可将之对应于一个复数 $z_0 = a + ib$，当我们进而考察其相应的域扩张 $\mathbf{Q}(z_0)$ 的阶数，则有

$$[\mathbf{Q}(z_0) : \mathbf{Q}] = 2^m。$$

这即是说，我们有如下的与上述结论等价的定理：

定理 Ⅱ.1. 一个代数方程 $f(z) \in \mathbf{Q}[z]$ 的根可以从系数和单位长度出发由尺规作图得到当且仅当方程的伽罗瓦群的阶是 2 的方幂。

由此即可以推出，古希腊三大几何作图问题中的倍立方体问题和三等分角问题用尺规作图是不可能解决的。

事实上，倍立方体问题可归结到代数方程 $x^3 - 2 = 0$ 的根是否可以由尺规作图得到。而经由伽罗瓦理论可知，这一方程的伽罗瓦群是 S_3，这是一个 6 阶的群。因此由定理 Ⅱ.1 可知，倍立方体问题的解不能从

单位长度出发通过有限次加减乘除四则运算以及开平方运算得到，这即是说，倍立方体问题尺规作图不可解。

接下来证明：120°的角无法通过尺规作图将其三等分。

这是因为，由三倍角公式可知：

$$\cos 3\theta = 4\cos^3\theta - 3\cos\theta,$$

若记 $x = \cos 40°$，则 x 满足方程：$8x^3 - 6x + 1 = 0$。

再由伽罗瓦理论可知，这一方程的伽罗瓦群是 A_3，这是一个 3 阶的群。因此由定理Ⅱ.1 可知，通过尺规作图不可能将 120°三等分。

这里值得一提的是，在伽罗瓦理论的相关工作于 1846 年正式发表前，法国数学家旺泽尔（P. L. Wantzel, 1814—1848）在 1837 年得到了一个很奇妙的定理，它可以用来比较容易地解决一些古典几何作图问题。

定理Ⅱ.2（旺泽尔定理） 设三次方程 $f(x) = x^3 + ax^2 + bx + c = 0$ 有一个根可以由 a、b、c 和单位长度出发经过有限次四则运算和开平方得到，则这个方程必有一个有理根，即可以由其系数 a、b、c 和单位长度出发经过有限次四则运算得到。

作为定理Ⅱ.2 的应用之一，注意到方程 $x^3 - 2 = 0$ 没有有理根，因此由此定理可知，其根不可能用二次根式的形式来表示，因此倍立方体问题尺规作图不可解。

作为定理Ⅱ.2 的应用之二，让我们再次关注方程 $8x^3 - 6x + 1 = 0$，令 $y = 2x$，则原方程变为 $y^3 - 3y + 1 = 0$。由于 $y = \pm 1$ 不是新方程的根，因此这个新方程不会有有理根，从而也不会有可用二次根式表出的根，易见原来的方程亦如是。因此任意三等分角问题尺规作图不可解。

作为定理Ⅱ.2 的应用之三，我们或可以来关注下面的这一 6 次方程：

$$x^6 + x^5 + x^4 + x^3 + x^2 + x + 1 = 0,$$

若令 $y = x + \dfrac{1}{x}$，则原方程将变为

$$y^3 + y^2 - 2y - 1 = 0。$$

由于 $y = \pm 1$ 不是新方程的根，因此这个新方程不会有有理根，从而也不会有可用二次根式表出的根，从而易见原来的方程亦如是。因此用尺规作圆内接正七边形也是不可解的。

《几何原本》卷Ⅳ讨论的主题是圆与正多边形，其中有多个命题（比如命题Ⅳ.2、命题Ⅳ.6、命题Ⅳ.11、命题Ⅳ.15、命题Ⅳ.16）涉及一些简单的圆内接正多边形的尺规作图。那么，对于一般的圆内接正 n 边形，可以尺规作图的条件是什么呢？

经过 2 000 多年的等待，德国数学家高斯给出了这个问题的一个充分条件，即当

$n = 2^l F_{m_1} \cdot F_{m_2} \cdot \cdots \cdot F_{m_k}$（其中 F_{m_i}，$i = 1, \cdots, k$ 为互不相同的费马素数）

时，圆内接正 n 边形可以用尺规作出。

若再应用伽罗瓦理论，可以证明上述条件也是必要的。

对于 $n = 3, 4, 5, 6, 15$ 的情形，相应的正 n 边形的尺规作图出现在《几何原本》中，多年后，年轻的高斯于 1796 年完成了可以尺规作图正 17 边形的证明，这在数学的历史上具有里程碑的意义。

高斯的一生中有无数重要的数学发现。可是在他看来，正 17 边形的尺规作图或最有意义，它使文科成绩同样优异的高斯决定从事数学研究。由此他表达了想在墓碑上刻画这个图形的愿望。可是石匠却拒绝了这个要求，因为正 17 边形太接近圆形了。不过让这位数学王子欣慰的是，后来人们在高斯出生的不伦瑞克竖立了一个纪念碑，上面的

柱子以正 17 角星装饰。

下面让我们通过现代数学的语言，来看一看如何经由尺规作图的方法在圆中画出正 17 边形。

关注如下的割圆方程：

$$x^{16} + x^{15} + \cdots + x^2 + x + 1 = 0。$$

我们知道这一方程的根可表示为如下的超越形式：

$$\zeta, \zeta^2, \cdots, \zeta^{16}$$

其中 $\zeta = \cos\dfrac{2\pi}{17} + \mathrm{i}\sin\dfrac{2\pi}{17}$。

在几何上，这些根联接单位圆中内接正 17 边形的顶点。

尺规作图的第一步，需要算出模 17 的原根，此即关注同余式

$$a^{16} \equiv 1(\bmod 17)。$$

注意到

$$\begin{array}{l}
3^1 \equiv 3,\ 3^5 \equiv 5,\ 3^9 \equiv 14,\ 3^{13} \equiv 12,\\
3^2 \equiv 9,\ 3^6 \equiv 15,\ 3^{10} \equiv 8,\ 3^{14} \equiv 2,\\
3^3 \equiv 10,\ 3^7 \equiv 11,\ 3^{11} \equiv 7,\ 3^{15} \equiv 6,\\
3^4 \equiv 13,\ 3^8 \equiv 16,\ 3^{12} \equiv 4,\ 3^{16} \equiv 1
\end{array} (\bmod 17),$$

设

$$z_1 = \zeta + \zeta^{16},\ z_2 = \zeta^4 + \zeta^{13},\ z_3 = \zeta^2 + \zeta^{15},\ z_4 = \zeta^8 + \zeta^9,$$
$$z_5 = \zeta^6 + \zeta^{11},\ z_6 = \zeta^7 + \zeta^{10},\ z_7 = \zeta^5 + \zeta^{12},\ z_8 = \zeta^3 + \zeta^{14};$$
$$y_1 = z_1 + z_2,\ y_2 = z_3 + z_4,\ y_3 = z_5 + z_6,\ y_4 = z_7 + z_8;$$
$$x_1 = y_1 + y_2,\ x_2 = y_3 + y_4。$$

经由此，有

$$z_1 z_2 = (\zeta + \zeta^{16})(\zeta^4 + \zeta^{13}) = \zeta^5 + \zeta^3 + \zeta^{12} + \zeta^{14} = y_4。$$

因此 z_1、z_2 是二次方程 $z^2 - y_1 z + y_4 = 0$ 的根，从而

$$z_1 = \frac{y_1 + \sqrt{y_1^2 - 4y_4}}{2}, \quad z_2 = \frac{y_1 - \sqrt{y_1^2 - 4y_4}}{2}。$$

又可由计算得

$$y_1 y_2 = (\zeta + \zeta^{16} + \zeta^4 + \zeta^{13})(\zeta^2 + \zeta^{15} + \zeta^8 + \zeta^9)$$
$$= \zeta + \zeta^2 + \zeta^3 + \zeta^4 + \zeta^5 + \zeta^6 + \cdots + \zeta^{16} = -1。$$

因此 y_1、y_2 是二次方程 $y^2 - x_1 y - 1 = 0$ 的根，从而

$$y_1 = \frac{x_1 + \sqrt{x_1^2 + 4}}{2}, \quad y_2 = \frac{x_1 - \sqrt{x_1^2 + 4}}{2}。$$

类似地，经由 $y_3 + y_4 = x_2$，$y_3 y_4 = -1$ 可知

$$y_4 = \frac{x_2 + \sqrt{x_2^2 + 4}}{2}, \quad y_3 = \frac{x_2 - \sqrt{x_2^2 + 4}}{2}。$$

经由 $x_1 + x_2 = -1$，$x_1 x_2 = -4$ 可知

$$x_1 = \frac{-1 + \sqrt{17}}{2}, \quad x_2 = \frac{-1 - \sqrt{17}}{2}。$$

综上所算，可知

$$\cos \frac{2\pi}{17} = \frac{z_1}{2} = \frac{1}{16}\left(-1 + \sqrt{17} + \sqrt{34 - 2\sqrt{17}} \right.$$
$$\left. + 2\sqrt{17 + 3\sqrt{17} - \sqrt{34 - 2\sqrt{17}} - 2\sqrt{34 + 2\sqrt{17}}}\right),$$

据说高斯并没有具体地写出其尺规作图的方案。1825 年，瑞士数学家埃尔兴格（J. Erchinger）首次尺规作出了正 17 边形。

如下呈现的是正 17 边形的一种现代的数学作图法。

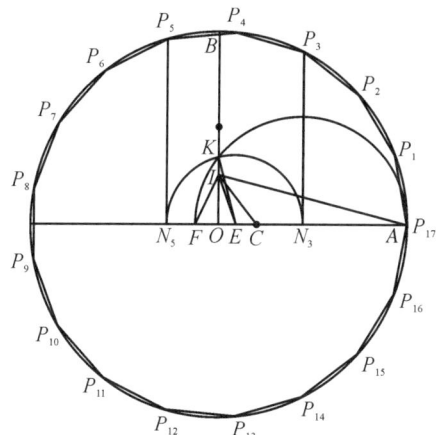

1. 给一圆 O，作两垂直的半径 OA、OB，

2. 在 OB 上作 I 点使 $OI = \frac{1}{4}OB$，连结 IA，

3. 作 $\angle OIA$ 的平分线 IC，

4. 作 $\angle CIO$ 的平分线 IE，交 OA 于 E，

5. 作 $\angle EIF = 45°$，射线 IF 交 AO 的延长线于 F，

6. 以 AF 为直径作圆，交 OB 于 K，

7. 以 E 为圆心、EK 为半径作圆，交 AO 及延长线于 N_3、N_5，

8. 分别过 N_3、N_5 作 AO 的垂线，交圆 O 于 P_3、P_5，

9. 作弧 $\widehat{P_3P_5}$ 的中点 P_4，以 P_4P_3 为径长将圆 O 分成 17 等分。

有如上面提到的，一个方程 $f(z) \in \mathbf{Q}[z]$ 的根可以从系数和单位长度出发由尺规作图得到当且仅当方程的伽罗瓦群的阶是 2 的方幂。

这即是说，存在一个有理数系数的次数为 2^m 的多项式 $f(z) \in \mathbf{Q}[z]$，使得 $f(z_0) = 0$。

这样的数都是一些代数数。

回眸处，让我们设想化圆为方问题中最初的圆的半径是单位 1，那么化圆为方后那一正方形的边长即是 $\sqrt{\pi}$。伴随时间的脚步，当德国数学家林德曼（C. F. von Lindemann，1852—1939）在1882年成功地证明圆周率 π 不是一个代数数、而是一个超越数的时刻，古希腊三大几何问题之"化圆为方"问题终于被画上了休止符。经由2 000多年的等待，人类终于揭开了这一古老问题的谜底：以尺规作图的模式解决化圆为方问题，这是可望而不可即的。

多面体的欧拉公式

最后出场的是另一位大数学家、与牛顿及高斯等齐名的欧拉。

在《几何原本》的最后一卷，欧几里得系统地研究了5种正多面体——正四面体、正六面体、正八面体、正十二面体和正二十面体——的作图，并证明了，除了这5种外再没有其他的正多面体存在。多面体的欧拉公式正是这一主题的现代数学故事延伸。

观察上述的这5种多面体，可知有如下的结论（见第16页）：

多面体	面数（F）	棱数（E）	顶点数（V）	$V-E+F$
正四面体	4	6	4	2
正六面体	6	12	8	2
正八面体	8	12	6	2
正十二面体	12	30	20	2
正二十面体	20	30	12	2

可以发现，这些正多面体的顶点数、棱数以及面数满足如下的关系式：$V - E + F = 2$。于是，引来了著名的多面体欧拉公式。

多面体的欧拉定理：简单多面体的顶点数 V、棱数 E 以及面数 F 满足如下的关系式：

$$V - E + F = 2。$$

这里,一个多面体被称为是简单的,在直观上可以理解为,如果在这个多面体的内部吹气,它能够膨胀为一个球面。

这个优美的定理缘自 1750 年 11 月欧拉写给哥德巴赫(C. Goldbach)的一封信中,后人将它称为多面体的欧拉公式。不过,欧拉并没有给出详细证明。第一个正确的证明似乎出自法国数学家勒让德(A. M. Legendre)之手。在那以后,多面体欧拉公式有了许多证明。

下面我们将分享关于这一定理证明的一些思想概要。

这第一个证明的想法来自法国数学家柯西(A. L. Cauchy)。他设想取定多面体的某一个面,然后假想把这个面"挖掉",比如我们想象把多面体放在地面上方,让挖掉的面在最上头,且与地面平行。在这个面上方很近的位置取一个点作为光源,将剩下的多面体投影到地面上,则问题转化为平面欧拉公式:$V - E + F = 1$。

用投影法证明欧拉公式

为了证明平面欧拉公式,对图形做"三角剖分"。对每个多边形,通过内部连线,划成三角形。任何 n 边形可划为 $n-2$ 个三角形。整个过程数值 $V-E+F$ 不会改变。

最后的证明归结到对所剖分的三角形数量用数学归纳法即可。

这第二个证明的想法来自勒让德。他的证明基于如下的思考，想象在简单多面体内任意取一点，以它为球心作一个很大的球，把整个多面体都包在内部。把球心看作光源，将凸多面体投影到球面上，则线段变成大圆弧。于是多面体欧拉公式的证明可以归结于球面欧拉公式：$V - E + F = 2$。

为此对顶点数进行数学归纳法。我们任取球面多面体的一个顶点，设它连出去 k 条线。去掉这个点和连线，则 V 减少 1，E 减少 k，F 减少 $k-1$。于是上面的等式 $V - E + F = 2$ 左端不变。而当 $V = 4$ 时结论显然成立。

这第三个证明的设想来自微分几何学。单位球面上的测地三角形 Δ 的内角和等于 $\pi + S_\Delta$。于是，对于 n 边形，不难看出其内角和为

$$(n - 2)\pi + \text{多边形面积}。$$

于是所有多边形内角和总共是 $(2E - 2F)\pi + 4\pi$，其中 4π 是单位球面表面积。

另一方面，对每个顶点，以它为顶点的所有夹角的和为 2π，若将这些顶点的夹角全加起来，则等于 $2\pi \cdot V$。

注意到通过这两种途径计算的结果应该相等，此即

$$(2E - 2F)\pi + 4\pi = 2\pi \cdot V,$$

化简后，即得到上述的欧拉公式：$V - E + F = 2$。

接下来，我们可以通过多面体的欧拉公式来证明如下的定理。

定理Ⅲ. 正多面体只有 5 种，即正四面体、正六面体、正八面体、正十二面体以及正二十面体。

证明：假设用 m 代表正多面体每个面上的边数；n 代表它的每个顶点上边数。则由正多面体的性质：(1) 每个面都是正多边形；(2) 每个面都有相同边数；(3) 每个顶点都有相同棱数。我们有以下结论：

$$mF = 2E, \ nV = 2E, \qquad (1)$$

再将其代入到欧拉公式中，则有

$$\frac{2E}{n} - E + \frac{2E}{m} = 2,$$

左右两边同时除以 $2E$，得：

$$\frac{1}{n} + \frac{1}{m} - \frac{1}{2} = \frac{1}{E}, \qquad (2)$$

此即有

$$\frac{2m + 2n - mn}{2mn} = \frac{1}{E},$$

于是有 $2m + 2n - mn > 0$，因此 $(m-2)(n-2) < 4$。

又由 $m, n \geq 3$，这即是说，$(m-2)$ 和 $(n-2)$ 只能有如下的 5 种可能：

$m-2$	1	1	1	2	3
$n-2$	1	2	3	1	1

于是，相应地可求出 m、n。

若再将不同的 m, n 代入到（1）和（2），得

m	n	E	F	多面体名称
3	3	6	4	正四面体
3	4	12	8	正八面体
3	5	30	20	正二十面体
4	3	12	6	正六面体
5	3	30	12	正十二面体

综上所述，正多面体只有 5 种：正四面体、正六面体、正八面体、正十二面体以及正二十面体。

伴随时间的步履，到了 19—20 世纪，欧拉公式进而拥有更加丰富的内容——其名曰欧拉-庞加莱公式：$V - E + F = 2 - 2g$，其中 g 为曲面的亏格（即"洞"的个数）；若再经由微分几何的一些基本概念——比如高斯的曲率概念可导引得到高斯-博内公式，由此漫步于一个无比广阔的数学天地……

思考题

1. 请以"非欧几何的诞生以及发展"为主题数学作文一篇。

2. 请参照《几何原本》的模式，勾画出"正 17 边形的尺规作图"的逻辑思维导图，并给出比较详细的演绎证明。

3. 围绕 5 种正多面体的存在性问题以及欧拉公式的主题，进一步去查阅相关内容的拓展——比如中国数学家陈省身的智慧人生以及他的伟大工作：高斯-博内-陈定理。

4. 经由《几何原本》卷Ⅸ命题 20 谈起，来讲述现代数学的新发展。

5. 由《几何原本》卷Ⅻ命题 2 开篇来讲述其背后的一些数学故事，其中或可以连接古代中国最重要的数学经典《九章算术》以及数学家刘徽的工作——请问，你知道他是如何求得圆面积公式的呢？

参考文献

1. 欧几里得.几何原本.燕晓东,译.南京:江苏人民出版社,2011.
2. 欧几里得.几何原本.兰纪正,朱恩宽,译.西安:陕西科学技术出版社,2020.
3. 欧几里得.几何原本.张卜天,译.北京:商务印书馆,2020.
4. 牛顿.自然哲学之数学原理.王克迪,译.北京:北京大学出版社,2005.
5. 卡茨.数学史通论.李文林,等译.北京:高等教育出版社,2008.
6. 刘钝.从徐光启到李善兰——以《几何原本》之完璧透视明清文化.自然辩证法通讯,1989(3):55-63.
7. 希尔伯特.几何基础.江泽涵,朱鼎勋,译.北京:北京大学出版社,2005.
8. 克莱因.西方文化中的数学.张祖贵,译.北京:商务印书馆,2013.
9. 柯朗,罗宾.什么是数学:对思想和方法的基本研究.左平,张饴慈,译.上海:复旦大学出版社,2017.
10. 安国风.欧几里得在中国.纪志刚,等译.南京:江苏人民出版社,2008.